大学入試問題で語る数論の世界

素数、完全数からゼータ関数まで

清水健一　著

ブルーバックス

カバー装幀／芦澤泰偉・児崎雅淑
カバーイラスト／安斉 将
本文・目次・章扉デザイン／菅田みはる
本文図版／さくら工芸社

はじめに

　最近は数学の啓蒙書が多く出版されています。数論関係の書物も多くあります。その中で，本書は，大学入試問題を題材にして数論の世界を紹介するという，ひと味違った数論の入門書を目指しました。

　大学の入試問題には，少し高いレベルの数学の問題を高校生にできるように工夫して出題されているものが少なからずあります。そういう意味で数論は，格好の入試問題の材料になりますし，実際，数論の話題から数多くの問題が出題されています。

　1，2，3，…という自然数は数論の主な対象ですが，自然数にはそれぞれに個性があり，また意外な性質，美しい性質も多くあります。そして未解決の問題も非常にたくさんあります。

　例えば，
$$6 = 1 + 2 + 3, \ 28 = 1 + 2 + 4 + 7 + 14$$
のように，自分自身以外の約数の和がその数になっているという面白い性質をもった数があります。このような数を完全数といいますが，偶数の完全数の形はわかっていて，2018年12月に発見された $2^{82589932}(2^{82589933}-1)$ が現在知られている最大の完全数です。しかし，偶数の完全数が無数にあるかどうかはわかっていません。また奇数の完全数についてはその存在すらもわかっていません。

　私はこのような数の世界を題材に出題された入試問題をもとにして，数論を紹介できないかと考えました。その目的で

改めて入試問題にあたると，予想していたよりも多くの数論の問題があり，これらの問題の中から，数論の魅力を伝え，読者に興味をもってもらえるような話題のものを選んで本書を書き上げました．私の中学・高校での教育経験，現在の大学での経験，そして私自身の数論研究の経験が融合して，特徴のある数論の入門書ができあがったと思っています．

高校生の皆さんには，受験勉強を兼ねて数論の世界を知ってもらえる機会になり，また，大学受験をすでに終えた人たちにとっては，新たにこれらの問題を眺め，今まで知らなかった数の世界を楽しんでもらうことができると思います．問題を解いて終わりではなく，その問題が語りかけている数学の世界をぜひ知ってください．本書がそういう数学との出会いの役目を果たすことになればと思っています．

本書を読まれた読者はきっと数論に興味をもっていただけることと信じています．本書を読んでさらに数論を勉強してみたいと思われる読者は，最後に紹介している文献をご覧ください．本書がこれらの数論の本をひもとくきっかけになれば幸いです．

数論を勉強するとき，一般的な定理を読んで証明を理解しようとしても，その定理の面白さはすぐにはわかりません．本文でもくり返し書いていますが，自分でペンを動かして，あるいは計算機を使って計算して，数の世界に遊ぶことの楽しさをぜひ知ってもらいたいと思っています．

数論は手軽に実験ができる分野です．しかも最近はコンピュータが進歩して，かなり大きな数まで容易に計算できるようになりました．自分で数を実際に扱って計算をしてみると，数が生き生きと躍動して，その不思議さや調和のとれた

はじめに

姿が伝わってきます。手計算やパソコンを使って，読者自身にとって未知のことを探索してみてください。きっと数学の面白さ楽しさが何倍にもなると思います。

　入試問題を引用させていただいた大学には紙面を借りてお礼を申し上げます。本文の解説の流れによって，設問を省略したり，問題の一部だけを採用したりしていますが，ご容赦ください。また，年度の古い問題の中に面白い問題が多くあり，それらの問題を採用していますので，名称等が変更になっている大学もありますが，出題時の大学名で引用しています。

　本書を出版するにあたり，広島国際大学の西来路文朗氏，京都大学大学院生の吉田大悟氏には原稿を細かく読んでいただき貴重なコメントを多くいただきました。ここに感謝の意を表します。またブルーバックス出版部の堀越俊一氏，および出版部の方々には，読者の立場からのコメントをたくさんいただき，そのおかげでより読みやすいものになりました。

　私は姫路の私立賢明女子学院中高等学校で長年数学を教えてきました。高校数学をもとにした本書を書き上げることができたのは，生徒たちと一緒に楽しく勉強ができた経験があったからです。賢明女子学院の在校生そして卒業生に，本書を通じて感謝の気持ちを伝えたいと思います。そして，私が数学をすることについていつも見守ってくれている家族にも。

2011年9月　　　清水健一

大学入試問題で語る数論の世界
もくじ

まえがき 3

第1章 素数の魅力
——奥深き未解決の迷宮（ラビリンス） 9

1・1 素数は無数にあるか? 12
1・2 等差数列中の素数 21
1・3 ソフィー・ジェルマンの素数 27
1・4 2次式の世界 29

第2章 完全数・メルセンヌ数・フェルマー数
——個性ある数たち 37

2・1 完全数 38
2・2 メルセンヌ数 45
2・3 フェルマー数 50

第3章 ピタゴラスの定理から眺める世界
——直角三角形が奏でる数論の調べ 59

3・1 ピタゴラス数 60

3・2　ピタゴラス数は無数にあるか？　67
3・3　フェルマーの平方和定理　73
3・4　フェルマーの定理　80
3・5　直角三角形　92

第4章　黄金比とフィボナッチ数列
　　　——方程式 $x^2-x-1=0$ に潜む数の世界　99

4・1　黄金比　100
4・2　フィボナッチ数列　106
4・3　フィボナッチ数列の極限　110
4・4　リュカ数列　113
4・5　相互関係　118
4・6　フィボナッチ数列の和　122
4・7　フィボナッチ数列の最大公約数　132
4・8　一般化　138

第5章　パスカルの三角形からの展開
　　　——多角数、分割数から暗号まで　143

5・1　パスカルの三角形　144
5・2　多角数　149
5・3　カタラン数　163
5・4　フェルマーの小定理　167
5・5　オイラーの定理　170
5・6　暗号　174

第6章 単位分数
——エジプト数学からの贈り物　181

- 6・1　単位分数で表す　182
- 6・2　2つの単位分数の和　185
- 6・3　3つの単位分数の和　190
- 6・4　1の分解　192

第7章 ゼータ関数
——素数の分布からリーマン予想へ　199

- 7・1　素数定理　200
- 7・2　ゼータ関数　208
- 7・3　関・ベルヌーイ数　218

【162ページの中央大学の問題の解答】　230
参考文献　232
さくいん　236

第1章

素数の魅力

奥深き未解決の迷宮(ラビリンス)

数論の問題には，中学生（時には小学生）でも問題の意味を理解することができるにもかかわらず，未解決である問題が多くあります。例えば**コラッツの問題**といわれている問題があり，センター試験でも取り上げられています。

---

　n を 2 以上の自然数とし，以下の操作を考える。
　（ⅰ）　n が偶数ならば，n を 2 で割る。
　（ⅱ）　n が奇数ならば，n を 3 倍して 1 を加える。

　与えられた 2 以上の自然数にこの操作を行い，得られた自然数が 1 でなければ，得られた自然数にこの操作を繰り返す。2 以上 10^5 以下の自然数から始めると，この操作を何回か繰り返すことで必ず 1 が得られることが確かめられている。たとえば，10 から始めると
$$10 \to 5 \to 16 \to 8 \to 4 \to 2 \to 1$$
である。ただし，$a \to b$ は 1 回の操作で自然数 a から自然数 b が得られたことを意味する。

　N を 2 以上 10^5 以下の自然数とするとき，$F(N)$ を N から始めて 1 が得られるまでの上記の操作の回数と定義する。また，$F(1) = 0$ とおく。たとえば，上の例から，$F(10) = 6$ である。（以下設問省略）

（2011　センター試験）

　このセンター試験の問題は，2 以上の自然数から始めて，上記（ⅰ）（ⅱ）の操作を行って 1 になるまでの操作の回数を求めるコンピュータのプログラムの問題です。どのような自然数から始めても必ず 1 になるということが予想されていて，未解決の問題です。この予想をコラッツの問題と呼んで

います。

　このセンター試験では，問題の都合で 10^5 まで確かめられているとありますが，少なくとも 5.8×10^{18} まで確かめられており，次々と更新されています。

　2以上の自然数から始めて，上記（ⅰ）（ⅱ）の操作を行えば必ず1になることを証明するという問題は，一見すると簡単に解けてしまうように感じられます。しかし，この簡単そうな問題が未解決なのです。

　少し考えればすぐに証明できそうに思えるのに，なかなか証明できない問題は数の世界には数多くあります。第3章で述べるフェルマーの定理も問題の意味は中学生でも理解できるので，プロ，アマチュアを問わず多くの人が挑戦してきました。しかし，初等的な数学の範囲では証明できず，現代数論の最高の知識と手法を使って初めて証明できたのです。

　コラッツの問題もこのように現代の最高度の数学が必要かもしれないし，また鮮やかな視点で初等的に解ける可能性があるのかもしれません。

　この章のテーマである素数の問題には，コラッツの問題と同じように，意味を理解するのは簡単であるにもかかわらず，未解決である問題が多くあります。これは素数の不思議さであり，また魅力でもあります。

　そして，これらの問題の奥に深く美しい数学が埋蔵されていることを数学者は感じているのです。素数の神秘は絶えず私たちを魅了してやみません。まず最初に，このような素数の世界をのぞいてみましょう。

1・1 素数は無数にあるか？

2, 3, 5, 7, 11, 13, 17, 19, 23, 29, 31, 37, 41, 43, …

これはいうまでもなく**素数**の列です。素数とは 1 と自分自身以外に約数をもたない 1 より大きい自然数のことです。そして素数でない 1 より大きな自然数，つまり素数の積として表される自然数を**合成数**と呼びます。素数の列を眺めているだけでも，いろいろな疑問がわいてきます。例えば，

（1）素数は無数に存在するだろうか。

（2）(3, 5), (5, 7), (11, 13), (17, 19) のように連続した奇数がともに素数であるようなことは，どの程度起こるのだろうか。

（3）素数の列の一般項は何だろうか。

（4）素数はどのような法則にしたがって分布しているのだろうか。

などの疑問が思い浮かびます。これらの疑問の中には初等的な議論で証明できるものもありますが，全く手がつけられない未解決の難問もたくさんあります。また，素数列を眺めているだけでは見えてこない素数の深く美しい性質も数多くあります。古代より，多くの人がこの素数に魅力を感じてきました。

上の疑問の中で，（1）の素数が無数に存在するかという問題は，すぐあとで述べるように，古代ギリシャ時代にすでに解決されていて，素数が無数に存在することがわかっています。

（2）の素数の組は**双子素数**と呼ばれていますが，これが無

第1章　素数の魅力

数に存在するかどうかはわかっていません。

（3）の n 番目の素数は何であるかもわかっていません。それを n の具体的な式として表現できていないのです。

（4）の**素数の分布**については，少しはわかっていることもあり，素数定理（202ページ）と呼ばれる素晴らしい定理もありますが，まだまだ未知の世界です。

このように素数の問題は難しいものが多いのですが，入試問題でいくつかの話題が取り上げられています。まず素数が無数に存在することについて，次の問題があります。

次の定理と証明について，以下の問いに答えよ。

定理　素数は無限に存在する。

証明　定理が成立しないとすると，素数は有限個である。それらの素数を p_1, p_2, $\cdots$, p_n とする。このとき $q = (p_1 p_2 \cdots p_n) + 1$ を考えると，<u>q は p_1, p_2, $\cdots$, p_n のどれでも割り切れない。</u>① したがって，q を素数の積として表したとき，この積に現れる素数は p_1, p_2, $\cdots$, p_n のいずれとも異なる。<u>これは矛盾である。</u>② したがって定理が証明された。

（1）上のように，結論が成り立たないと仮定して矛盾を導き出すことにより命題を証明する方法をなんというか。

（2）下線①の主張がなぜ成り立つかを説明せよ。

（3）下線②で何と何が矛盾するかを答えよ。

（4）P_n で小さい方から n 番目の素数を表すとき，不等式 $P_{n+1} \leq (P_1 P_2 \cdots P_n) + 1$ が成り立つことを示せ。

(2000　北見工業大学)

（1）はいうまでもなく，**背理法**です。整数に関する問題で背理法を使って証明する問題はたくさんあります。

（2）は，積 $p_1 p_2 \cdots p_n$ は明らかに p_1，p_2，…，p_n のいずれでも割り切れるので，q はこれらの素数で割ると1余るからです。

（3）は，素数が p_1，p_2，…，p_n しかないと仮定しているので，q が素数であれば，p_1，p_2，…，p_n 以外の素数 q が存在することになり矛盾です。また q が素数でないとすると，2つ以上の素数の積に分解でき，これらの素因数は（2）より p_1，p_2，…，p_n と異なるので，p_1，p_2，…，p_n 以外の素数が存在することになりやはり矛盾です。つまり，素数が p_1，p_2，…，p_n しかないことと，q からこれら以外の素数が出てくることが矛盾しているわけです。（4）は素数の分布についての問題で，あとで述べます。

北見工業大学の問題は背理法によって素数が無数にあることを証明したわけですが，この証明を振り返ってみると，$(p_1 p_2 \cdots p_n) + 1$ は p_1，p_2，…，p_n 以外の素数の存在を主張する式になっていることに気がつきます。つまり，有限個の素数の集合から新しい素数を生み出すことができ，素数が無数にあることがいえるわけです。実は，これが古代ギリシャの数学者ユークリッド（B.C.330 ? -275 ?）がその著書『原論』の中で，素数が無数にあることを証明した議論の本質です。

ユークリッドは「素数が無数に存在する」という表現ではなく，「いくらでも新しい素数が存在する」，つまり，素数 p_1，p_2，…，p_n からこれらと異なった素数の存在がいえることを主張しているのです。ユークリッドが「素数が無数

に存在する」という表現をとっていないのは、ゼノンのパラドックスをはじめとして、無限そのものと向かい合ういろいろな困難と出合うため、無限を避けていたからだと思われます。

$(p_1 p_2 \cdots p_n) + 1$ の式は有限個の素数から新しい素数を生み出す式になっているといいましたが、このことを具体的に見てみましょう。$p_1 = 2$ とすると、$2 + 1 = 3$ で素数 3 が生じます。次に、$2 \cdot 3 + 1 = 7$ で素数 7 が生じます。これを続けていきます。

$2 \cdot 3 \cdot 7 + 1 = 43$ で素数 43 が生じます。

$2 \cdot 3 \cdot 7 \cdot 43 + 1 = 1807 = 13 \cdot 139$ で素数 13 と 139 が生じます。小さい方の 13 を取り出して、

$2 \cdot 3 \cdot 7 \cdot 43 \cdot 13 + 1 = 23479 = 53 \cdot 443$ で素数 53 と 443 が生じます。これを続けて、初めて現れる最小の素数を順にあげると、

  2, 3, 7, 43, 13, 53, 5, 6221671,
  38709183810571, 139, 2801, 11, 17, 5471, …

という素数の列が生じます。

このように新しい素数が限りなく生じますが、この素数の列の中にすべての素数が現れるでしょうか。これは実は未解決の問題です。

今までの説明で、次の問題のからくりは明らかでしょう。

━━━━━━━━━━━━━━━━━━━━━━━━━━━━

 2, 3, 5, 7, 11, … のように、1 より大きい整数のうち 1 とそれ自身でしか割り切れない数を素数という。

(1) p を素数とするとき、$n = p! + 1$ は p 以下の素数では割り切れないことを示せ。

（2）命題「要素が自然数である集合 A が有限集合ならば，A には最大の要素がある」は真である。これを用いて，素数全体の集合が無限集合であることを証明せよ。

(2001　成城大学)

■■■■■■■■■■■■■■■■■■■■■■■■■■■■■■■■

　この問題では，素数の積のかわりに $p!$ を考えています。$p!$ は p の階乗といい，$p \times (p-1) \times (p-2) \times \cdots \times 2 \times 1$ のことです。$p!$ の因数の中に p 以下の素数がすべて入っているので，本質的に同じ議論をすればよいことになります。

　まず（1）は，$p!$ は p 以下の素数で割り切れるので，$p!+1$ をこれらの素数で割ると 1 余り，p 以下の素数で割り切れないことがわかります。

　（2）は何を証明すればいいか戸惑うところですが，これもユークリッドの証明を念頭におけば，何をいおうとしている問題であるかがわかると思います。

　有限個の素数の集合を考えると，命題より，最大の素数が存在します。それを p とすると，（1）より $p!+1$ は p 以下の素数で割り切れないので，p よりも大きな素数が存在することになり，いくらでも大きな素数の存在がいえます。これは素数の集合が無限集合であることに他なりません。これで成城大学の問題が解けました。

　p が素数であるとき，$p!+1$ は p では割り切れませんが，面白いことに $(p-1)!+1$ は p で割り切れることがわかっています。実は，p が素数であることと $(p-1)!+1$ が p で割り切れることとは同値です。これを**ウィルソンの定理**といいます。

さらに，この成城大学の問題で与えられている式は，素数が存在しないようないくらでも長い区間を作るヒントになります。

$$p!+2,\ p!+3,\ p!+4,\ \cdots,\ p!+p$$

の $p-1$ 個の数はどれも素数ではありません。なぜなら $p!+k$（k は $2 \leqq k \leqq p$ の整数）は k を因数にもっているからです。大きな素数 p をもってくれば，いくらでも素数の全くない区間を作ることができます。

そしてこのことは，素数 p を使わなくてもできます。勝手な整数 n を考えたとき，連続する n 個の数がすべて素数でない，そういう区間を作ることができます。

$(n+1)!+2,\ (n+1)!+3,\ \cdots,\ (n+1)!+(n+1)$

がそうです。これらの n 個の数はどれも素数ではありません。上で述べたように，$(n+1)!+k$（k は $2 \leqq k \leqq n+1$ の整数）は k を因数にもつからです。つまり，連続する100億個の数の中に素数が全く存在しない区間を見出したいときには，上の式で n を100億とおけばいいわけです。

理由は簡単ですが，考えてみると，素数が全く存在しないいくらでも長い区間が存在するというのは不思議な感じがします。数論の世界には，このように証明ができても不思議だということはよくあります。もっとも，このことは数論全体から見ると不思議のうちに入りませんが。

もう少しだけ話を発展させておきましょう。

素数が無数にあることの証明は，ユークリッドの証明の他にもいろいろありますが，もう一つ紹介すると，オイラー（1707-1783）が素数の逆数の和

$$\frac{1}{2} + \frac{1}{3} + \frac{1}{5} + \frac{1}{7} + \cdots$$

を考え，この無限級数が無限大に発散することを示して，素数が無数にあることを証明しました．もし，素数が有限個しかなければ，素数の逆数の和は有限の値になります．

しかし，この無限級数は非常にゆっくり大きくなります．例えば，17までの素数の逆数の和でも1.4を超える程度で，なかなか和が2に達しません．1801241230056600523という大きな素数までの逆数の和でも，やっと4を超えるという程度の増え方です．現在わかっている最大の素数までの逆数の和でも17程度なので，21世紀中に100を超えるところまで大きな素数が見つかるかどうかわからないという感じです．このような無限級数が無限大に発散するということを見切ったオイラーの眼力には敬服します．

オイラーは18世紀の数学の中心に立ち，様々な分野にわたって多くの優れた業績を残しました．視力を失いますが，その後も研究力は衰えず，終始盛んな学問的活動を続けました．あまりにも多産であったため，全集の刊行は未だに完結していません．

次に素数がどのように分布しているかを見てみましょう．上で述べたように，$(n+1)!+2$から$(n+1)!+(n+1)$までには素数はなく，素数が存在しないいくらでも長い区間がありました．しかし，一方で，nと$n!$との間には必ず素数が存在することがいえます．

次の問題を見てください．

> n を3以上の自然数とする。このとき,
> (1) $n!-1$ の1より大きい約数は n より大きいことを示せ。
> (2) $n < p < n!$ を満たす素数 p が存在することを示せ。
>
> (1997　京都教育大学)

まず(1)を証明します。

$n! = n(n-1)(n-2)\cdots 3\cdot 2\cdot 1$ なので, $n!-1$ は 2, 3, …, n のいずれの数でも割り切れません。したがって $n!-1$ の1より大きい約数は n より大きいことがいえます。

次に(2)です。$n \geqq 3$ のとき, 明らかに $n < n!-1 < n!$ なので, $n!-1$ が素数であるとすると, $p = n!-1$ とおけば $n < p < n!$ が成り立ちます。$n!-1$ が素数でないときは, (1)より $n!-1$ の1より大きい約数は n より大きいことがわかっているので, $n!-1$ の素因数 p は n より大きくなります。したがって $n < p < n!-1 < n!$ となって証明ができました。

$n!$ は n に比べてかなり大きな数なので, n と $n!$ の間に素数があっても不思議ではないかもしれません。しかし, もっと精密な結果が得られています。実は n と $2n$ の間に必ず素数が存在するのです。これは**チェビシェフの定理**と呼ばれています。また, 一見同じようでも, 2つの平方数 n^2, $(n+1)^2$ の間に素数が必ず存在するかどうかという問題がありますが, こちらは未解決です。

素数を小さい順に P_1, P_2, P_3, …, P_n, … としたとき, $n+1$ 番目の素数 P_{n+1} が n 番目の素数 P_n と比べてど

れくらい大きいかという問題は，素数分布の問題として興味ある問題です。これについては，$P_{n+1} < 2P_n$ であることがいえますが，これはチェビシェフの定理と同値な性質です。

北見工業大学の問題（4）は，
「不等式 $P_{n+1} \leq (P_1 P_2 \cdots P_n) + 1$ が成り立つことを示せ」
でした（13ページ）。この不等式はチェビシェフの定理に比べるとかなり粗い結果ですが，証明は簡単にできます。

素数を小さい順に並べて，

$$P_1, P_2, \cdots, P_n, P_{n+1}, \cdots$$

とし，$Q = (P_1 P_2 \cdots P_n) + 1$ とおきます。つまり $P_1 = 2$，$P_2 = 3$，$P_3 = 5$，$\cdots$ で $Q = (2 \times 3 \times 5 \times \cdots \times P_n) + 1$ です。このとき明らかに $P_n < Q$ です。

（i）Q が素数のとき，$P_n < Q$ より $P_{n+1} \leq Q$ となります。

（ii）Q が素数でないとき，Q の素因数の1つを ℓ とすると，$\ell < Q$ です。そして，ℓ は $P_1, P_2, \cdots, P_n$ のどの素数とも異なります。さらに $P_1, P_2, \cdots, P_n, P_{n+1}$ は素数を小さい方から順に並べているので，$P_{n+1} \leq \ell$ であることがいえます。そして一方，$\ell < Q$ なので，$P_{n+1} < Q$ が成り立ちます。

（i）（ii）より $P_{n+1} \leq Q$ が証明できました。これで北見工業大学の問題（4）を終わります。

1·2 等差数列中の素数

次に等差数列の問題を考えます。等差数列は初項と公差が与えられると、すべてが決定でき、そこには何の問題もないように見えます。しかし、等差数列を素数という観点から見ると、そこには全く違った未知の世界が広がっているのです。

初項が 5、公差が 6 の等差数列

5, 11, 17, 23, 29, …

を考えます。ここで書くのを止めると、すべて素数であるように錯覚しますが、このあと、

35, 41, 47, 53, 59, 65, 71, 77, …

と素数でない項がたくさん出てきます。そして、この中に素数が無数に存在するだろうか、という問題が考えられます。一見難しそうですが、これはユークリッドの議論の範囲で証明が可能です。初項が 5、公差が 6 の等差数列の一般項は $6n - 1$ です。

これについて、次の問題があります。

---

(1) 5 以上の素数は、ある自然数 n を用いて $6n + 1$ または $6n - 1$ の形で表されることを示せ。

(2) N を自然数とする。$6N - 1$ は、$6n - 1$ (n は自然数)の形で表される素数を約数にもつことを示せ。

(3) $6n - 1$ (n は自然数)の形で表される素数は無限に多く存在することを示せ。

(2009 千葉大学)

この問題を考えてみましょう。

（1）n が自然数なので 5 以上の自然数は $6n$, $6n \pm 1$, $6n \pm 2$, $6n + 3$ のいずれかの形をしています。そして $6n$, $6n \pm 2$, $6n + 3$ の形の数は素数にはなり得ません。したがって，5 以上の素数は $6n + 1$ または $6n - 1$ の形で表されます。

（2）は背理法で証明します。$6N - 1$ の素因数がすべて $6n + 1$ の形であると仮定します。ℓ, m が整数のとき，

$$(6\ell + 1)(6m + 1) = 6(6\ell m + \ell + m) + 1$$

なので，$6n + 1$ の形の素数の積はまた $6N + 1$ の形をしていて，$6N - 1$ の形の数にはなりません。したがって，$6N - 1$ は $6n - 1$ の形の素数を約数にもつことになります。

（3）についても背理法で証明してみましょう。素数が無数に存在することの証明と同様の議論をします。いま，$6n - 1$ の形の素数が有限個しかないと仮定して，それを p_1, p_2, $\cdots$, p_k とします。そして $6p_1 p_2 \cdots p_k - 1$ という数を考えます。すると（2）より，$6p_1 p_2 \cdots p_k - 1$ は $6n - 1$ の形の素数を素因数にもちますが，p_1, p_2, $\cdots$, p_k は素因数にはなりません。$6p_1 p_2 \cdots p_k - 1$ はこれらの素数で割り切れないからです。

したがって，p_1, p_2, $\cdots$, p_k 以外に $6n - 1$ の形の素数が存在することになり，有限個しかないという仮定に矛盾します。よって，$6n - 1$ の形の素数は無数に存在することがわかります。これで千葉大学の問題が終わりました。

$6n + 1$ の形の素数も無数にありますが，同じ方法で証明することはできません。それは千葉大学の問題（2）に相当することが $6N + 1$ の形の数では成り立たないからです。

例えば55は$6N+1$の形の数ですが,55の素因数5,11は$6n+1$の形の素数ではありません。したがって,$6n+1$の形の素数がp_1,p_2,…,p_kだけしか存在しないと仮定して,$6p_1p_2\cdots p_k+1$という数を考えても,この数が$6n+1$の形の素因数を必ずもつということがいえないので,矛盾が生じないのです。$6n+1$の形の素数が無数にあることの証明はもう少し深い数論の性質を必要とします。

等差数列$\{6n-1\}$,$\{6n+1\}$の中に素数が無数に存在するわけですが,実は一般の等差数列について素数の無限性がわかっています。

等差数列$\{an+b\}$をaとbが互いに素である(これは初項と公差が互いに素ということと同値です)等差数列とするとき,この等差数列の中に素数が無数に存在することが証明されています。これは1837年にディリクレ(1805-1859)という数学者が高度な解析的手法を駆使して証明したもので,**ディリクレの算術級数の定理**と呼ばれています。この研究から解析学を使った数論の分野が開けました。

数論の世界では,等差数列についてもわかっていないことが多く,まだまだ未知の大海の中にあるといっていいでしょう。

ごく最近の結果に次のようなものがあります。

$$(3,5,7),(5,11,17,23,29)$$

のように素数が等差数列をなして並んでいるものがあります。$(3,5,7)$は項数3の素数の等差数列です。$(5,11,17,23,29)$は項数5の素数の等差数列です。つまり,今度は各項がすべて素数の有限の等差数列の問題です。これについて,エルデシュ(1913-1996)という数学者が,

「素数からなる等差数列でいくらでも項数が多いものが存在する」

ということを予想しました。そして 2004 年にグリーン (1977-) とタオ (1975-) という 2 人の数学者が，この予想が正しいことを証明しました。タオは 2006 年にフィールズ賞を受賞しましたが，この結果は授賞の対象となった業績の一つです。

ただ，数学ではいつもそうですが，存在することの証明ができたということと，具体的にそれを計算できることは全く別のことです。1995 年の時点では，項数 22 の素数の等差数列が発見されていましたが，項数 23 の素数の等差数列は 2004 年に発見されました。それは初項，公差がそれぞれ 56 兆，44 兆を超えるものです。そして 2010 年に項数 26 まで更新されています。

素数の分布について，他の問題に移りましょう。1・1 節の冒頭で双子素数についてふれました。双子素数というのは隣り合う奇数がともに素数であるものをいいます。

双子素数について，次の事実が成り立ちます。

---

p と $p+2$ とがともに素数で $p>3$ とする。このとき，$p+1$ は 6 の倍数であることを証明せよ。

(1963　立教大学)

この証明は簡単です。

p と $p+1$ は連続する 2 整数なのでどちらかは偶数です。しかし，p は 3 より大きい素数なので偶数ではありません。したがって，$p+1$ が偶数になります。同じように，p，

第1章　素数の魅力

$p+1$, $p+2$ は連続する3整数なので，どれか1つは3の倍数です。しかし，p, $p+2$ は3より大きい素数なので3の倍数ではありません。したがって，$p+1$ が3の倍数になります。よって，$p+1$ は偶数でかつ3の倍数，すなわち6の倍数であることがわかります。これで立教大学の問題を終わります。

また双子素数と並んで，**三つ子素数** というのも考えられます。

---

n を自然数とする。n, $n+2$, $n+4$ がすべて素数であるのは $n=3$ の場合だけであることを示せ。

（2004　早稲田大学）

連続する3つの奇数 n, $n+2$, $n+4$ がともに素数である場合は3, 5, 7の1つしかないというのが，この問題です。

まず $n=1$ のとき3数は1, 3, 5となり，1は素数ではありません。$n=2$ のとき3数は2, 4, 6となり，4, 6は素数ではありません。$n=3$ のときは，3, 5, 7となり，すべて素数で題意を満たします。$n=5$ のときは，5, 7, 9となり，9が素数ではありません。

次は $n=7$ のとき……，というように続けていくとキリがないので理論的に議論します。証明は，$n \geqq 4$ のとき，n を3で割った余りで分類して考えます。このような方法は整数の問題ではよく使われる方法です。

$n=3k$ のときは，当然 n は素数ではありません。

$n=3k+1$ のとき，$n+2=3k+3=3(k+1)$ で，

25

$n+2$ は素数ではありません。

$n=3k+2$ のとき, $n+4=3k+6=3(k+2)$ となり, $n+4$ は素数ではありません。

このように, $n \neq 3$ のときは, n, $n+2$, $n+4$ の少なくとも一つは素数ではないので, n, $n+2$, $n+4$ がすべて素数であるのは $n=3$ の場合だけになります。これで早稲田大学の問題が解けました。

n, $n+2$, $n+4$ がすべて素数である場合は 1 組しかないので, この 1 組の素数を三つ子素数と呼んでも数学的にあまり意味がありません。そこで, 考える数を少し変えて, n, $n+2$, $n+6$ の 3 数, あるいは n, $n+4$, $n+6$ の 3 数がすべて素数であるときを考えて, これを三つ子素数と呼んでいます。たとえば,

$(5, 7, 11), (7, 11, 13)$

などが三つ子素数の例です。

双子素数と同様, 三つ子素数も無数にあるかどうかという問題が考えられますが, もちろん未解決です。さらに, 四つ子素数, 五つ子素数などというものも考えることができます。定義をちゃんとしないといけませんが, これらを一般化したものとして, **k 組素数**というものが定義できます。もちろん, これらが無数にあるかどうかは未解決の問題です。

しかし, 1・4 節で述べるように, これらの数の背後に非常に不思議な現象があるのです。

第1章 素数の魅力

1・3 ソフィー・ジェルマンの素数

双子素数，三つ子素数とは少し違いますが，次の問題があります。

（1）p，$2p+1$，$4p+1$ がいずれも素数であるような p をすべて求めよ。

（2）省略

（2005　一橋大学）

どのように考えていけばよいか，戸惑う問題です。こういう場合は"実験"をしてみましょう。

$p=2$ のとき，$2p+1=5$，$4p+1=9=3\cdot3$ で $4p+1$ は素数ではありません。

$p=3$ のとき，$2p+1=7$，$4p+1=13$ はすべて素数です。

$p=5$ のとき，$2p+1=11$，$4p+1=21=3\cdot7$ で $4p+1$ は素数ではありません。

$p=7$ のとき，$2p+1=15=3\cdot5$，$4p+1=29$ で $2p+1$ は素数ではありません。

$p=11$ のとき，$2p+1=23$，$4p+1=45=3^2\cdot5$ で $4p+1$ は素数ではありません。

もう少し続けてもいいのですが，これだけでもあることに気づきます。それは，$p\neq3$ のとき，$2p+1$，$4p+1$ のどちらかが3の倍数になっています。そこで p を3で割った余りで分類すればいいのではないかと考えられます。実際そ

れで解決できます。

$p=2$ のときは $4p+1$ が素数ではなく, $p=3$ のときはすべて素数でした。$p \geqq 5$ のとき, p を3で割った余りで分類します。$p=3k$ の場合は当然 p は素数ではないので, $p=3k+1$, $p=3k+2$ の場合について調べればいいわけです。

$p=3k+1$ のとき, $2p+1=6k+3=3(2k+1)$ となって $2p+1$ は素数ではありません。

$p=3k+2$ のとき, $4p+1=12k+9=3(4k+3)$ となって $4p+1$ は素数ではありません。

したがって, $p \geqq 5$ のときは3数がすべて素数にはならず, p, $2p+1$, $4p+1$ のすべてが素数となるのは $p=3$ の場合だけであることがわかります。これで一橋大学の問題が解けました。

p, $2p+1$, $4p+1$ がすべて素数であるのは $p=3$ の場合だけでしたが, 制約を1つ減らして, 最初の2つ, p と $2p+1$ がいずれも素数であるような p をすべて求めよ, という問題に変えるとどうでしょうか。

p と $2p+1$ がともに素数であるような p は

$$p=2, 3, 5, 11, 23, 29, 41, \cdots$$

となり, それぞれ

$$2p+1=5, 7, 11, 23, 47, 59, 83, \cdots$$

となります。このように, p と $2p+1$ がともに素数のとき, **p をソフィー・ジェルマンの素数**と呼んでいます。ソフィー・ジェルマンはフェルマーの定理を証明しようとする過程でこのような素数を考え出しました。ソフィー・ジェルマンの素数が無数にあるかどうかはわかっていません。

ソフィー・ジェルマン（1776-1831）は物理の数学的理論，数論の分野で貢献したフランスの女性です。当時は女性が学問をすることに否定的だったために，彼女はルブランという男性名で当時の大数学者ガウスと文通をしました。彼女の正体がわかったとき，ガウスは彼女の能力を認め，進んで文通を行いました。しかし，二人は会う機会なく，ガウスの推薦で彼女はゲッチンゲン大学から名誉学位を受けることになっていましたが，その前に亡くなってしまいました。

ガウス（1777-1855）はこの後も何度か名前が登場しますが，純粋数学，応用数学の広い分野にわたって大きな貢献をした19世紀最大の数学者です。数論，非ユークリッド幾何学，複素関数論，天文学，電磁気学など多くの優れた研究があります。

次に少し形を変えて，n と n^2+2 がともに素数の場合を考えてみます。

1・4 2次式の世界

2以上の自然数 n に対し，n と n^2+2 がともに素数になるのは $n=3$ の場合に限ることを示せ。

（2006　京都大学）

これも同じように"実験"をしてみましょう。
$n=2$ のとき，$n^2+2=6$ は素数ではありません。
$n=3$ のとき，$n^2+2=11$ は素数です。
$n=5$ のとき，$n^2+2=27=3^3$ は素数ではありません。

$n = 7$ のとき，$n^2 + 2 = 51 = 3 \cdot 17$ は素数ではありません。

$n = 11$ のとき，$n^2 + 2 = 123 = 3 \cdot 41$ は素数ではありません。

ここまでやってみると，先ほどの一橋大学の問題と同じように $n^2 + 2$ は，$n \neq 3$ のとき 3 の倍数になるようです。実際に確かめてみましょう。

やはり n を 3 で割った余りで分類します。

$n \geq 5$ のとき，n が素数であることから，$n = 3k + 1$，$n = 3k + 2$ の 2 つの場合があります。

$n = 3k + 1$ のとき，$n^2 + 2 = 9k^2 + 6k + 3$
$= 3(3k^2 + 2k + 1)$ で 3 の倍数になります。

$n = 3k + 2$ のとき，$n^2 + 2 = 9k^2 + 12k + 6$
$= 3(3k^2 + 4k + 2)$ で 3 の倍数になります。

したがって，$n = 2$，$n \geq 5$ のときは，n と $n^2 + 2$ がともに素数であることは起こらず，$n = 3$ の場合に限ることがわかります。これで京都大学の問題が解けました。

この問題は n と $n^2 + 2$ がともに素数という条件でしたが，条件をゆるめて $n^2 + 2$ が素数になるのはどのような場合か，という問題を考えてみましょう。

等差数列，つまり 1 次式 $an + b$ について，a と b が互いに素であるならば，この中に素数が無数に存在するというディリクレの定理を述べましたが（23 ページ），$n^2 + 2$ のような 2 次式の中に素数は無数にあるでしょうか。実は，現代数学は 2 次式の素数の世界を明らかにするほどにはまだ発展をしていないのです。

$n^2 + 1$ や $n^2 + 2$ は，代数的に見れば何もいうことはない

式ですが，これを素数という観点から眺めると未知の荒野に放り出されることになります。数列 $\{n^2+1\}$ や $\{n^2+2\}$ の中に素数が無数にあるかどうかは，全くわかっていません。ただ，面白いことに，$y^2 = x^3 + x$ などのような曲線（**楕円曲線**といいます）と関係があることがわかっていて，非常に深い数論の世界に入っていくことになります。

さらに2次式の素数の問題を考えてみましょう。

次の□をうめなさい。

$n^2 - 20n + 91$ の値が素数となる整数 n は，□ア と □イ である。

（2006　明治学院大学）

この問題は $n^2 - 20n + 91$ を因数分解して考えます。
$$n^2 - 20n + 91 = (n-7)(n-13)$$
となるので，p を素数として，
$$(n-7)(n-13) = p$$
とおきます。すると，左辺が素数 p となるのは，
$$(n-7,\ n-13) = (1,\ p),\ (-1,\ -p),\ (p,\ 1),$$
$$(-p,\ -1)$$
の4つの場合で，n と p の値はそれぞれ順に，
$$(n,\ p) = (8,\ -5),\ (6,\ 7),\ (14,\ 7),\ (12,\ -5)$$
となります。このうち，p の値が正の場合を考えると，答えは $n = 6,\ 14$ となります。

この問題のように，2次式が因数分解できる場合はむずかしくありません。では，すべての n の値に対して，素数値をとるような2次式は存在するでしょうか。次の問題を見て

ください。

　整数を係数とする多項式 $f(x)$ について，次のことを証明しなさい。

　任意の自然数 n に対し $f(n)$ が素数であるならば，$f(x)$ は定数である。

（2002　慶應義塾大学　一部）

　この慶應義塾大学の問題は一般の多項式について議論しているので，誘導の設問があります。しかし，今は2次式についての話なので，この問題を2次式の場合に限って考えてみましょう。一般の多項式の場合でも，考え方は全く同じですが，2次式で考えると誘導なしで直接考えても難しくありません。

$$f(x) = ax^2 + bx + c$$

とします。いま，ある自然数 k に対して $f(k)$ の値が素数 p であるとします。つまり $f(k) = p$ が成り立っているとします。するとこのとき，$f(k+p)$，$f(k+2p)$，… は p の倍数になります。一般に，m を任意の自然数とすると，$f(k+mp)$ は p の倍数になります。なぜなら，

$$\begin{aligned}
f(k+mp) &= a(k+mp)^2 + b(k+mp) + c \\
&= ak^2 + bk + c + 2akmp + am^2p^2 + bmp \\
&= f(k) + 2akmp + am^2p^2 + bmp \\
&= p(1 + 2akm + am^2p + bm)
\end{aligned}$$

となるからです。

　しかし，問題の条件は任意の自然数 n に対し $f(n)$ が素数であるということなので，$f(k+mp) = p$ となります。こ

れが任意の m に対して成り立つので，$f(x)$ は 2 次式ではなく $f(x) = p$ という定数となります。

慶應義塾大学の問題は，このことが一般の多項式でもいえることをいっています。これで慶應義塾大学の問題を終わります。

明治学院大学の問題（31 ページ）にあったように，因数分解できる 2 次式の素数値の問題は簡単です。したがって，興味あるのは因数分解できない 2 次式です。因数分解できなければ問題は飛躍的に難しくなります。

例えば $n^2 + n + 41$ という 2 次式は面白いことに，n に 0 から 39 までの値を代入したとき，すべて素数値となります。これは 1772 年にオイラーが発見し，大いに興味をもたれて，同じように連続した n の値ですべて素数値をとる他の 2 次式が実験的にいくつか発見されました。しかし，この現象の本質が明らかにされたのは 20 世紀に入ってからのことで，数論の新しい概念を必要としたのです。

さらにその後の発展として，$n^2 + n + A$ の形の 2 次式が $0 \leq n \leq A - 2$ ですべて素数値をとるとすると，このような 2 次式 $n^2 + n + A$ は有限個しかなく，上にあげた $A = 41$ の場合が最大であることがわかっています。このことがわかったのは 1967 年になってからです。

そしてさらに興味深いことがあります。素数値をとる範囲を $0 \leq n \leq A - 2$ に限定しなければ，$n^2 + n + A$ の形の 2 次式で，オイラーの見つけた $n^2 + n + 41$ よりも多く連続して素数値をとるものが存在する可能性があります。そして，このことは 1・2 節で述べた k 組素数と関係があります。結論だけを述べると，

「任意の自然数 $k(k \geq 2)$ に対して，k 組素数が存在すれば，$1 \leq n \leq k$ で素数値をとる 2 次式 $n^2 + n + A$ が存在する」
ということがいえます。k 組素数の定義をちゃんと述べていないので正確な形で説明できませんが，双子素数，三つ子素数，…の先にある k 組素数が素数値を連続してとる 2 次式と思いがけなく出合うのです。

2 次式の素数の世界には現代数学でもまだまだ手が届きませんが，そこにどのような豊かな数学が存在しているか，はかりしれないものがあります。

$n^2 + 1$ の形の素数が無数にあるかどうかは未解決ですが，一方，$n^2 + 1$ の素因数の形についてはよくわかっています。$n^2 + 1$ に $n = 1$，2，3，… を代入して値を素因数分解したとき，2 は素因数として現れます。そして奇数の素因数は 4 で割って 1 余る素数だけしか現れず，この形のすべての素数は素因数として必ず現れます。しかし 4 で割って 3 余る素数は一つも現れないことがわかっています。

このことを確認してみてください。きっとその不思議さをわかってもらえると思います。ガウスはこの現象を見出し，その背後に何か大きな理論の存在を感じ取っていたようです。ガウスはこの法則について，次のように述べています。「他の研究に没頭していた時，偶然に著しい数論の定理に出会った。私はそれを大変美しいと感じただけでなく，他の卓越した性質と関連していると考え，全力をあげてその厳密な証明を得るよう努力した。ついに成功を収めた時，もはやこの研究への離れがたい魅力にとりつかれてしまった」

事実，この現象は氷山の一角であり，類体論という美しい

第1章 素数の魅力

大理論がその背後にあることが高木貞治（1875-1960）によって明らかにされました。

さらに、2次式から3次式に目を移すとどうでしょうか。

$n^3 + 1 = p$ をみたす自然数 n と素数 p の組をすべて求めよ。

（2000　島根大学 一部）

この場合も、$n^3 + 1$ が因数分解できることから解けてしまいます。

$$n^3 + 1 = (n+1)(n^2 - n + 1) = p$$

n は自然数だから $n + 1 \geq 2$。したがって、$n + 1 = p$ かつ $n^2 - n + 1 = 1$ となります。$n^2 - n + 1 = 1$ より $n = 1$ が得られます。このとき $p = 2$ となり、n と p の組は1通りで、

$$(n, p) = (1, 2)$$

となります。これで島根大学の問題が解けました。

では、因数分解できない3次式、例えば $n^3 + 2$ はどうでしょうか。係数が少し変わっただけで、問題は非常に難しくなります。$n^3 + 2$ の素因数についてはわかっていますが、その法則は単純ではなく、類体論を超えたさらに深い世界がその奥に存在します。ましてや、$n^3 + 2$ が素数になる場合を解明する数学については、想像すらできないはるか彼方の世界の物語なのです。

以上、第1章では素数分布に関する問題を見てきました。素数分布の問題については、解決はまだまだ手の届かないところにあり、多くの神秘がその中に秘められているのです。

第2章

完全数・メルセンヌ数・フェルマー数

個性ある数たち

2·1 完全数

　数学は古代四文明でそれぞれに独自の発達をしましたが，古代ギリシャ時代に入ってから理論的な体系としての数学が形成されてきました。その中で，数の個性に注目したのがピタゴラス（B.C.572?-492?）です。彼の「万物は数である」という言葉はよく知られています。ピタゴラスは数にいろいろな名称をつけて，数の性質を研究しました。その中に**完全数**と呼んだ数があります。

　完全数とは自分自身以外の約数（これをここでは真の約数と呼びます）の和が自分自身に等しくなる数のことです。例えば，6の真の約数は1，2，3ですが，
$$6 = 1 + 2 + 3$$
となっているので6は完全数です。6の次の完全数は28で，
$$28 = 1 + 2 + 4 + 7 + 14$$
となっています。3番目の完全数は496で，
$$496 = 1 + 2 + 4 + 8 + 16 + 31 + 62 + 124 + 248$$
となります。

　では，どのような数がこの性質を満たすのでしょうか。

　驚くべきことに，ユークリッドは『原論』に完全数の形を提示しています。このユークリッドの結果を取り上げたのが次の問題です。

　2以上の自然数 n に対し，n 以外の n の正の約数の和を $S(n)$ とする。例えば，$S(4) = 1 + 2 = 3$，$S(5) = 1$，$S(6) = 1 + 2 + 3 = 6$ である。次の問いに答えよ。

（1）$S(28)$ および $S(120)$ を求めよ。
（2）$n = 2^{m-1}(2^m - 1)$（$m = 2, 3, 4, \cdots$）とする。
　（i）$2^m - 1$ が素数のときの $S(n)$ を求めよ。
　（ii）$2^m - 1$ が素数でないとき，$S(n) > n$ である。これを証明せよ。

（2000　佐賀大学）

この問題の（2）（i）が偶数の完全数を決めている問題で，$n = 2^{m-1}(2^m - 1)$ で $2^m - 1$ が素数であれば，n が完全数であることを求めさせています。

この問題を解いてみましょう。

まず（1）ですが，約数の和を計算すると，
$$S(28) = 1 + 2 + 4 + 7 + 14 = 28$$
$$\begin{aligned}S(120) &= 1 + 2 + 3 + 4 + 5 + 6 + 8 + 10 + 12 \\ &\quad + 15 + 20 + 24 + 30 + 40 + 60 = 240\end{aligned}$$
となります。$S(28) = 28$ は 28 が完全数であることを意味しています。

（2）（i）を解きます。$2^m - 1$ が素数であることから $2^m - 1$ の約数は 1 と $2^m - 1$ だけです。そして，2^{m-1} の約数は，$1, 2, 2^2, 2^3, \cdots, 2^{m-1}$ となるので，$n = 2^{m-1}(2^m - 1)$ の n 以外の約数，つまり真の約数は

$1, 2, 2^2, 2^3, \cdots, 2^{m-1},$
$2^m - 1, 2(2^m - 1), 2^2(2^m - 1), 2^3(2^m - 1),$
$\cdots, 2^{m-2}(2^m - 1)$

です。これらの和を求めます。等比数列の和の公式より，
$$1 + 2 + 2^2 + 2^3 + \cdots + 2^{m-1} = \frac{2^m - 1}{2 - 1} = 2^m - 1$$

となり，

$$(2^m - 1) + 2(2^m - 1) + 2^2(2^m - 1) + 2^3(2^m - 1)$$
$$+ \cdots + 2^{m-2}(2^m - 1)$$
$$= (2^m - 1)(1 + 2 + 2^2 + 2^3 + \cdots + 2^{m-2})$$
$$= (2^m - 1)(2^{m-1} - 1)$$

となります。したがって，これらを加えて，

$$S(n) = (2^m - 1) + (2^m - 1)(2^{m-1} - 1)$$
$$= (2^m - 1)(1 + 2^{m-1} - 1)$$
$$= 2^{m-1}(2^m - 1)$$

となります。これで(ⅰ)が解けました。この結果は $S(n) = n$ であることを示しています。これより，$2^m - 1$ が素数で $n = 2^{m-1}(2^m - 1)$ のとき，n は完全数であることが証明できました。そしてこの $2^{m-1}(2^m - 1)$ という形をユークリッドが『原論』の中で示したのでした。

次に(ⅱ)です。(ⅰ)の証明の中であげている

$$1, \ 2, \ 2^2, \ 2^3, \ \cdots, \ 2^{m-1},$$
$$2^m - 1, \ 2(2^m - 1), \ 2^2(2^m - 1), \ 2^3(2^m - 1),$$
$$\cdots, \ 2^{m-2}(2^m - 1)$$

は $2^m - 1$ が素数のときはこれで真の約数のすべてですが，$2^m - 1$ が素数でないときは，これらの数以外に約数が存在します。したがって，

$$S(n) > 1 + 2 + 2^2 + 2^3 + \cdots + 2^{m-1}$$
$$+ (2^m - 1) + 2(2^m - 1) + 2^2(2^m - 1)$$
$$+ 2^3(2^m - 1) + \cdots + 2^{m-2}(2^m - 1)$$
$$= 2^{m-1}(2^m - 1) = n$$

となります。これで佐賀大学の問題が解けました。

ピタゴラスは自然数を完全数，過剰数，不足数の3つの種

類に分けました。佐賀大学の問題の記号を使うと，ピタゴラスは $S(n) = n$ となる数を完全数，$S(n) > n$ となる数を過剰数，$S(n) < n$ となる数を不足数と名づけました。

この問題の中の数でいうと，6, 28 は完全数，120 は過剰数，4, 5 は不足数です。

佐賀大学の問題 (2) (ii) は，$n = 2^{m-1}(2^m - 1)$ の形の数は $2^m - 1$ が素数でないなら過剰数であることを証明している問題です。もちろん，過剰数はこの形の数に限りません。

佐賀大学の問題の $S(n)$ は n 以外の約数の和でしたが，n 自身も含めたすべての約数の総和を考えると，完全数はすべての約数の総和が $2n$ になる数であるということができます。6 は $1 + 2 + 3 + 6 = 2 \times 6$，28 は $1 + 2 + 4 + 7 + 14 + 28 = 2 \times 28$ となります。一般的に述べると，n のすべての約数の総和を $\sigma(n)$ と書くと，完全数とは $\sigma(n) = 2n$ となる自然数 n ということになります。

上で述べたように 120 は $S(120) = 240 > 120$ となるので過剰数ですが，値をよく見ると，$S(120)$ は 120 の 2 倍の 240，つまり $\sigma(120) = 360$ で，$\sigma(n) = 3n$ を満たす数になっています。このような数を 3-完全数といいます。このいい方をすれば，普通の完全数は 2-完全数ということができます。もっと一般的に $\sigma(n) = kn$ を満たす数を **k-完全数**といいます。例えば，$30240 = 2^5 \cdot 3^3 \cdot 5 \cdot 7$ は，$\sigma(30240) = 120960 = 4 \cdot 30240$ で 4-完全数です。

過剰数には偶数が多く，最小の奇数の過剰数は 945 で $S(945) = 975$ です。そして，10000 未満で奇数の過剰数は 23 個しかありません。また過剰数の倍数は過剰数になるので，過剰数は無数にあります。

また p を素数, n を自然数とすると, p^n は不足数になります。これは

$$1 + p + p^2 + \cdots + p^{n-1} = \frac{p^n - 1}{p - 1} < p^n$$

からわかります。したがって, 不足数も無数にあります。しかし, 完全数が無数にあるかどうかはわかっていません。

次に, 完全数のすべての約数の逆数の和を調べてみましょう。次の問題を見てください。

---

k が正整数で $2^k - 1$ が素数であるとする。
$a = 2^{k-1}(2^k - 1)$ のすべての約数（1 と a を含む）を $a_1, a_2, \cdots, a_n$ とするとき $\displaystyle\sum_{i=1}^{n} \frac{1}{a_i}$ を求めよ。

（1986　群馬大学）

$2^k - 1$ が素数のとき, $a = 2^{k-1}(2^k - 1)$ という形の数は完全数でした。つまりこの問題は, 完全数の約数の逆数の和

$$\sum_{i=1}^{n} \frac{1}{a_i} = \frac{1}{a_1} + \frac{1}{a_2} + \cdots + \frac{1}{a_n}$$

を求めさせている問題です。

この問題を解く前に, 具体的に計算してみましょう。

まず 6 の場合は,

$$\frac{1}{1} + \frac{1}{2} + \frac{1}{3} + \frac{1}{6} = \frac{6 + 3 + 2 + 1}{6} = 2$$

となります。次に 28 の場合は,

$$\frac{1}{1} + \frac{1}{2} + \frac{1}{4} + \frac{1}{7} + \frac{1}{14} + \frac{1}{28}$$

第 2 章　完全数・メルセンヌ数・フェルマー数

$$= \frac{28 + 14 + 7 + 4 + 2 + 1}{28} = 2$$

となり，ともに和は 2 です。このことはどの完全数についてもいえるのでしょうか。上の計算をよく見ると，すべての完全数の約数の逆数の和が 2 であることがわかります。

なぜなら，通分したとき，分子が約数の総和になっているので，完全数 n の約数の逆数の和は

$$\frac{\sigma(n)}{n} = \frac{2n}{n} = 2$$

となるわけです。

ですから，群馬大学の問題の答えは 2 であることがわかります。あとは，上で行った計算を一般的に書けばよいわけです。解答をしてみましょう。

$2^k - 1$ が素数だから a のすべての約数（a を含む）は，

　　$1,\ 2,\ 2^2,\ 2^3,\ \cdots,\ 2^{k-1}$,
　　$2^k - 1,\ 2(2^k - 1),\ 2^2(2^k - 1),\ 2^3(2^k - 1)$,
　　$\cdots,\ 2^{k-1}(2^k - 1)$

です。よって，逆数の和は，

$$\frac{1}{a_1} + \frac{1}{a_2} + \cdots + \frac{1}{a_n}$$

$$= \frac{1}{1} + \frac{1}{2} + \frac{1}{2^2} + \frac{1}{2^3} + \cdots + \frac{1}{2^{k-1}}$$

$$\quad + \frac{1}{2^k - 1} + \frac{1}{2(2^k - 1)} + \frac{1}{2^2(2^k - 1)}$$

$$\quad + \frac{1}{2^3(2^k - 1)} + \cdots + \frac{1}{2^{k-1}(2^k - 1)}$$

$$
\begin{aligned}
&= \frac{2^{k-1}(2^k-1) + 2^{k-2}(2^k-1) + \cdots + (2^k-1)}{2^{k-1}(2^k-1)} \\
&\quad + \frac{2^{k-1} + 2^{k-2} + \cdots + 1}{2^{k-1}(2^k-1)} \\
&= \frac{(2^k-1)(2^{k-1} + 2^{k-2} + \cdots + 1) + (2^{k-1} + 2^{k-2} + \cdots + 1)}{2^{k-1}(2^k-1)} \\
&= \frac{(2^k-1)(2^k-1) + (2^k-1)}{2^{k-1}(2^k-1)} \\
&= \frac{2^k(2^k-1)}{2^{k-1}(2^k-1)} = 2
\end{aligned}
$$

となります．これで群馬大学の問題が解けました．

同様の議論で k-完全数の約数の逆数の総和は k になることがわかります．

完全数は特別な性質をもっているので興味をもたれ，1世紀ごろまでには4番目の完全数8128が見つけられました．しかし，このあと5番目の完全数はなかなか発見されませんでした．完全数に興味をもった人々は5番目の完全数を探し求める努力を続けたと思われますが，これが発見されたのは1400年以上たってからです．数が大きくなると，すべての約数の和を計算するのは容易でないことは，コンピュータを使わずに計算してみるとすぐにわかるでしょう．

完全数を考えるために次の事実が重要です．

2^n-1 が素数のとき，$2^{n-1}(2^n-1)$ が完全数になるのですから，2^n-1 の形をした素数が1つ見つかれば，完全数が1つ見つかったことになります．したがって，新しい完全数の追求は 2^n-1 の形をした新しい素数を見つけることに尽きます．

しかし，n が少しでも大きくなれば $2^n - 1$ はかなり大きな数になります。$2^{30} - 1$ で10億を超える数になり，素数であるかどうかの判定は決して簡単なことではありません。これはこれで非常に大きな問題なのです。

2・2 メルセンヌ数

ここまでたびたび登場してきた $2^n - 1$ の形の数を**メルセンヌ数**と呼び，これが素数のとき，**メルセンヌ素数**といいます。メルセンヌ（1588-1648）はカトリックの修道士ですが，その仕事の傍ら数学の研究をしていました。この形の数を研究したことから，彼の名前がつきました。

一般に a を2以上の自然数として $a^n - 1$ という形の数を考えてみましょう。例えば $a = 3$ の場合，$3^n - 1$ は偶数です。したがって $n = 1$ のときは2となって素数ですが，$n \geq 2$ のときは素数にはなりません。次の問題を見てください。

---

a，b は2以上の整数とする。このとき，次の問いに答えよ。
（1）$a^b - 1$ が素数ならば，$a = 2$ であり，b は素数であることを証明せよ。
（2）$a^b + 1$ が素数ならば，$b = 2^c$（c は整数）と表せることを証明せよ。

（2007　千葉大学）

（1）は一般に $a^b - 1$ が素数ならば，b が素数であるだけで

なく，$a = 2$ であることまでいえてしまうというのです。なかなか面白い性質です。

まず(1)を解いてみます。
$a^b - 1$ を因数分解すると，
$$a^b - 1 = (a - 1)(a^{b-1} + a^{b-2} + \cdots + a + 1) \quad \cdots\cdots ①$$
となります。この因数分解がわかりにくい場合は，右辺を計算してみるとよいでしょう。

$1 + a + \cdots + a^{b-2} + a^{b-1}$ は初項 1，公比 a ($a \neq 1$) の等比数列の和なので，
$$1 + a + \cdots + a^{b-2} + a^{b-1} = \frac{a^b - 1}{a - 1}$$
となり，両辺に $a - 1$ をかけると①が得られます。このあとも，いくつか因数分解が出てきますが，同じように考えてみてください。

$a \geqq 2$，$b \geqq 2$ より，
$$a^{b-1} + a^{b-2} + \cdots + a + 1 > 1$$
なので，$a^b - 1$ が素数ならば，①より $a - 1 = 1$，つまり $a = 2$ となります。

次に b が素数でないとして，$b = pq$（p, q は 2 以上の整数）と因数分解できたとします。このとき，
$$\begin{aligned}
2^b - 1 &= 2^{pq} - 1 \\
&= (2^p)^q - 1 \\
&= (2^p - 1)\{(2^p)^{q-1} + (2^p)^{q-2} + \cdots + 2^p + 1\}
\end{aligned}$$
となり，$2^p - 1 > 1$，$(2^p)^{q-1} + (2^p)^{q-2} + \cdots + 2^p + 1 > 1$ だから $2^b - 1$ は 2 以上の 2 つの自然数の積になり，素数にはなりません。よって $2^b - 1$ が素数であるとき，b は素数

であることがわかります。これで千葉大学の問題(1)が解けました。(2)については,次節で考えます。

$a^n - 1$ という素数を考えるときは必然的に $2^n - 1$ の形の素数,つまりメルセンヌ素数を考えることになります。そして,上に述べたように,新しい完全数を見つけたければ,新しいメルセンヌ素数を探せばいいわけで,完全数の追求は,メルセンヌ素数の追求に尽きます。メルセンヌは $2^n - 1$ という形の素数の可能性について研究を行い,それまでに知られていた,$n = 2$, 3, 5, 7, 13, 17, 19 の場合のほかに,

$n = 31$, 67, 127, 257

に対して,$2^n - 1$ は素数であり,257 未満のその他の n に対してはそうでないという驚くべき主張をしました。しかし,これらの数が非常に大きいため,この主張の真偽は容易に判定できませんでした。その後,オイラーは 1772 年に $n = 31$ の場合が素数であることを示しました。

メルセンヌはどうやって,この主張をしたのかわかりませんが,その後,メルセンヌの主張の中にいくつかの間違いが見出されました。彼の主張のうち $n = 31$, 127 の 2 個の場合は素数でしたが,$n = 67$, 257 の 2 個は誤りで,$n = 61$, 89, 107 の 3 個の場合を落としていました。結局メルセンヌの誤りの訂正が最終的に完了したのは 1947 年になってからでした。

オイラーの $n = 31$ の場合の結果はその後 100 年以上も破られることはありませんでしたが,1876 年,リュカ(1842-1891)は $2^{127} - 1$ が素数であることを見出しました。そして長い間,これが最大のメルセンヌ素数であり続けました。しかしついに 1952 年,$2^{521} - 1$ が素数であることがコンピュ

一タによって確かめられ，これ以後はコンピュータの活躍の場になります。

このようにメルセンヌ素数を見つけることは簡単ではありませんが，千葉大学の問題で述べたように，$2^n - 1$ が素数であれば，n が素数であるという性質が成り立つので，n が素数の場合だけを調べればよいことになります。

ただここで注意しなければならないことは，この逆が成り立たないということです。つまり，n が素数であるからといって，$2^n - 1$ が必ず素数になるとは限りません。例えば，$n = 11$ のとき，$2^{11} - 1 = 2048 - 1 = 2047 = 23 \cdot 89$ となり，素数ではありません。

$2^n - 1$ が素数であるとき，$2^{n-1}(2^n - 1)$ が**偶数の完全数**になるわけですが，ユークリッドの結果はこの逆がいえることは主張していません。逆がいえることが明らかにされたのは，実に 18 世紀まで時代が下ります。

オイラーがこのことを示しました。つまり「偶数の完全数はすべて $2^{n-1}(2^n - 1)$ の形をしていて，$2^n - 1$ は素数である」という結果です。このオイラーの結果により，偶数の完全数の形が完全に決定されたわけです。上にあげた完全数をこの立場から実際に眺めてみましょう。

$n = 2$ のとき，$2^2 - 1 = 3$ は素数なので，完全数 $6 = 2^{2-1}(2^2 - 1)$ が得られます。

$n = 3$ のとき，$2^3 - 1 = 7$ は素数なので，2 番目の完全数 $28 = 2^{3-1}(2^3 - 1)$ が得られます。

$n = 5$ のとき，$2^5 - 1 = 31$ は素数なので，3 番目の完全数 $496 = 2^{5-1}(2^5 - 1)$ が得られます。

$n = 7$ のとき，$2^7 - 1 = 127$ は素数なので，4 番目の完

全数 $8128 = 2^{7-1}(2^7 - 1)$ が得られます。

では，5番目の完全数は何でしょうか。これを求めてみましょう。

$n = 11$ のとき，上で述べたように，$2^{11} - 1 = 2047$ は素数ではないので，完全数ではありません。

$n = 13$ のとき，$2^{13} - 1 = 8191$ は素数なので，5番目の完全数 $33550336 = 2^{13-1}(2^{13} - 1)$ が得られます。

6番目以後の完全数も，このように求めていくことができます。

また，$2^{n-1}(2^n - 1)$ の完全数の形から偶数の完全数の一の位は6か8であることがいえます。$n = 2$ のときは，完全数6で，n が奇数のときは，$n = 4k + 1$，$4k + 3$ に分けて代入して，一の位に注目していくと証明できますので，考えてみてください。

上で127, 8191が素数であると書きましたが，これはどうやってわかるのでしょうか。素数であることをいうためには，小さな素数で順に割って，割り切れないことを確認すればよいわけです。しかし，127は何とか素数であることを確かめることができたとしても，8191になると難しく，大きな数が素数であるかどうかを判定するのは難しい問題です。このように素因数分解が難しいという事実は，現代の暗号理論にとって重要な役割を果たしています。

偶数の完全数の形がオイラーによって完全に決定されましたが，では**奇数の完全数**はどうでしょうか。実は奇数の完全数はまだ1つも発見されていません。また存在しないことも証明されていません。ただ，もし奇数の完全数が存在するとすれば，それはかなり大きな数で，約数もかなり多いという

ように,「こういう性質をもつはずだ」ということは少しわかっています。

また,偶数の完全数が無数に存在するかどうかはわかっていませんが,これはメルセンヌ素数が無数にあるかどうかという未解決の問題に帰着します。

千葉大学の問題(2)は,フェルマー数と呼ばれる数に関係しています。次にこの数について考えましょう。

2・3 フェルマー数

まず,千葉大学の問題(2)(45ページ)を考えてみましょう。

a,b が 2 以上の整数のとき,$a^b + 1$ が素数ならば,$b = 2^c$(c は整数)と表せることを証明せよ,という問題でした。いま $b = 2^c$ と表せないと仮定すると,b は 3 以上の奇数を因数にもつので,それを k として,$b = 2^c k$ とおきます。c は負でない整数です。このとき

$$a^b + 1 = a^{2^c k} + 1 = (a^{2^c})^k + 1$$

となります。$a^{2^c} = d$ とおくと,$a \geq 2$,$c \geq 0$ だから $d \geq 2$ です。

k が奇数であることから,$d^k + 1$ は次のように因数分解できます。

$$d^k + 1 = (d + 1)(d^{k-1} - d^{k-2} + \cdots - d + 1)$$

ここで,$d^{k-1} - d^{k-2} + \cdots - d + 1 \geq 2$ です。なぜなら,この値が 1 に等しいとすると,この等式より $d^k + 1 = d + 1$ となり,$k \geq 3$ に反するからです。したがって,$d^k + 1$ は 2 以上の 2 つの自然数の積になって,素数である

ことに矛盾し，$b = 2^c$ がいえます．これで千葉大学の問題（2）を終わります．

この問題によって，$a^b + 1$ が素数ならば，この数は $a^{2^c} + 1$ の形であることから，$a^{2^c} + 1$ の形の数に興味が湧きます．とくに $a = 2$ のときの $2^{2^n} + 1$ の形の数を**フェルマー数**といい，F_n と書きます．そして，F_n が素数であるとき，これを**フェルマー素数**といいます．

フェルマー数を具体的に書くと，
$$F_0 = 2^{2^0} + 1 = 3, \quad F_1 = 2^{2^1} + 1 = 5,$$
$$F_2 = 2^{2^2} + 1 = 17, \quad F_3 = 2^{2^3} + 1 = 257,$$
$$F_4 = 2^{2^4} + 1 = 65537$$
となります．

フェルマー（1601-1665）は法律関係の仕事の余暇に数学を研究し，近代整数論の端緒を開きました．第 3 章で述べるフェルマーの定理の予想は彼の名を知らしめました．数論以外でも，微分積分学の先駆的な研究，パスカル（1623-1662）との文通を通じた確率論の創始など，優れた研究を残しています．

フェルマー数は n が大きくなると爆発的に大きくなります．フェルマーは $F_0 \sim F_4$ がすべて素数であることから，F_n はすべての n に対して素数となるのではないかと考えました．

この予想が正しいことをいうためには，当然次の F_5 をチェックしなければなりませんが，これは 4294967297 という大きな数になり，さすがのフェルマーも F_5 が素数であるかどうかをチェックすることはできなかったようです．1732 年にオイラーはフェルマー数の約数を研究して，F_5 が素因数

641 をもっていることを見出しました。
$$F_5 = 641 \times 6700417$$
と素因数分解できます。

こうしてフェルマーの夢は早くも F_5 で破れ去り，フェルマー数への関心はなくなったかに見えましたが，思いがけないことからフェルマー数が生命を吹き返します。

古代ギリシャ以来，正多角形を定規とコンパスで作図する問題が考えられました。正三角形，正四角形（正方形），正五角形，正六角形は作図できましたが，次の正七角形の作図ができませんでした。そして，この問題が 18 世紀末まで未解決のまま年月が過ぎ去りました。ガウスがこの問題を完全に解決します。正七角形の問題だけでなく，どのような正多角形が作図可能かを完全に明らかにしたのです。ここで，思いがけなく，フェルマー素数と作図問題が出合います。

ガウスは，辺の数が素数の正多角形については，F_n が素数のときのみ，正 F_n 角形が作図できることを証明しました。$F_0 = 3$，$F_1 = 5$ は素数なので，正三角形，正五角形は作図できることがわかります。そしてこの次に作図できる素数辺数の正多角形は，次のフェルマー素数が $F_2 = 17$ なので，正十七角形です。正七角形の作図をいくら頑張ってもできなかったわけで，作図不可能であったのです。正十一角形も，正十三角形も同様に作図不可能です。

正十七角形の次に作図できる正多角形は，$F_3 = 257$ が素数なので，正 257 角形です。その次に作図できる素数辺数の正多角形は，正 65537 角形となります。

だから，フェルマー素数 F_n があれば正 F_n 角形の作図ができることになるのですが，実は $F_4 = 65537$ よりも大きい

フェルマー素数はまだ見つかっていません。フェルマー素数は F_4 で最後かもしれないと予想されていますが，未解決の問題です。

ガウスは作図可能な正多角形を明らかにしましたが，作図可能であることがわかることと，実際に作図の方法を見つけることとは別のことです。正十七角形の作図法はガウス自ら見出しました。そして，正 257 角形，さらには正 65537 角形の作図法を考えた人がいるので驚きです。

このようにフェルマー素数と作図問題が出合い，新しい数学の世界が開けました。数学では今まで何の関係もないと思われてきた 2 つの世界が突然出合って，素晴らしい世界が開けることがよくあります。これは数学の醍醐味の一つです。

フェルマー数の他の性質として，次の問題を見てください。

$2^{16}+1$ と $2^{32}+1$ の最大公約数を求めよ。

（2002　同志社大学 一部）

この問題はいいかえると，F_4 と F_5 の最大公約数を求めよという問題です。

この問題を解くために，
$$2^{32}+1 = 2^{32}-1+2 = (2^{16}+1)(2^{16}-1)+2$$
と変形します。

$2^{16}+1$ は奇数なので，その素因数の 1 つを p とすると，p は奇数です。ここで $(2^{16}+1)(2^{16}-1)$ は p で割り切れますが，2 は p で割り切れないので，$(2^{16}+1)(2^{16}-1)+2$ は p で割り切れません。よって $2^{16}+1$ と $2^{32}+1$ は共通の

素因数をもたないので，最大公約数は1です。これで同志社大学の問題が解けました。

この問題で，F_4 と F_5 の最大公約数が1であることがいえましたが，では，どのようなフェルマー数の最大公約数が1になるのでしょうか。実は次のことが成り立ちます。

「$m \neq n$ のとき，F_m と F_n の最大公約数は1である」

つまり，すべてのフェルマー数は互いに素なのです。証明は次の問題を見てください。

整数 $n \geqq 0$ に対して，$F_n = 2^{2^n} + 1$ とおく。このとき次の問いに答えなさい。

(1) すべての整数 $n \geqq 0$ に対して，次の等式が成り立つことを示しなさい。

$$F_{n+1} = F_0 F_1 \cdots F_n + 2$$

(2) $m \neq n$ のとき F_m と F_n は1以外には共通の正の約数をもたないことを示しなさい。

(2005　山口大学)

---

(1) はフェルマー数の面白い性質を示しています。フェルマー数を小さいほうからかけて2を加えると次のフェルマー数になるというのです。これを数学的帰納法で証明しましょう。

$$F_{n+1} = F_0 F_1 \cdots F_n + 2 \quad \cdots\cdots ①$$

とおきます。

$n = 0$ のとき，左辺 $= F_1 = 5$，右辺 $= F_0 + 2 = 3 + 2 = 5$ となって，$n = 0$ のとき，①は成り立ちます。

$n = k$ のとき，①が成り立つと仮定すると，

$$F_{k+1} = F_0 F_1 \cdots F_k + 2 \quad \cdots\cdots ②$$

②より，
$$F_{k+1} - 2 = F_0 F_1 \cdots F_k$$

この両辺に F_{k+1} をかけて，
$$(F_{k+1} - 2)F_{k+1} = F_0 F_1 \cdots F_k F_{k+1}$$
$$\begin{aligned}
左辺 &= F_{k+1}{}^2 - 2F_{k+1} \\
&= (2^{2^{k+1}}+1)^2 - 2(2^{2^{k+1}}+1) \\
&= (2^{2^{k+1}})^2 + 2\cdot 2^{2^{k+1}} + 1 - 2\cdot 2^{2^{k+1}} - 2 \\
&= 2^{2^{k+1}\cdot 2} - 1 = 2^{2^{k+2}} + 1 - 2 = F_{k+2} - 2
\end{aligned}$$

よって，
$$F_{k+2} - 2 = F_0 F_1 \cdots F_k F_{k+1}$$
$$F_{k+2} = F_0 F_1 \cdots F_k F_{k+1} + 2$$

となって，$n = k + 1$ のときにも①が成り立ちます。

よって，すべての整数 $n \geqq 0$ に対して①が成り立ちます。

次に(2)を考えます。まず，$F_n = 2^{2^n} + 1$ は奇数なので，F_n の1つの素因数を p とすると p は奇数です。

$m > n$ としても一般性を失いません。このとき(1)より，
$$F_m = F_0 F_1 \cdots F_{n-1} F_n \cdots F_{m-1} + 2$$

となります。F_n が p で割り切れるので，
$$F_0 F_1 \cdots F_{n-1} F_n \cdots F_{m-1}$$

も p で割り切れます。しかし，p は奇数なので右辺の
$$F_0 F_1 \cdots F_{n-1} F_n \cdots F_{m-1} + 2$$

は p で割り切れません。したがって，F_m も p で割り切れません。

つまり F_n の素因数は F_m の素因数にはなり得ないので，$m \neq n$ のとき F_m と F_n は1以外には共通の正の約数をもたないことがいえました。これで，山口大学の問題を終わり

ます。

　この事実から素数が無数に存在することがいえます。なぜなら，$n = 0, 1, 2, \cdots$ としたとき，F_0，F_1，F_2，$\cdots$ と無限に続くフェルマー数から素因数を一つずつ選んで，それを p_0，p_1，p_2，$\cdots$ とすると，これらの素数はすべて異なるからです。

　前に述べたように，フェルマー素数は 5 個しか知られていませんし，この他にフェルマー素数が存在するかどうかも全くわかりませんが，オイラーは $n \geqq 2$ のとき，フェルマー数 F_n のすべての素因数は $k \cdot 2^{n+2} + 1$ （k は整数）の形をしていなければならないことを示しました。

　例えば F_5 の素因数は $k \cdot 2^{5+2} + 1 = 128k + 1$ の形でなければならないわけですが，実際 $128 \cdot 5 + 1 = 641$ という素因数を見出したことは 52 ページで説明した通りです。オイラーのこの結果よりフェルマー数は小さな素因数をもたないことがわかりますが，オイラーの結果をここでは証明できないので，一つの例として，$F_0 = 3$ 以外のフェルマー数は 3 を素因数としてもたないことを次の問題で見てみましょう。

　次の問いに答えよ。
（1）すべての自然数 n に対して $4^n - 1$ が 3 で割り切れることを示せ。
（2）$2^n + 1$ が 3 で割りきれるような自然数 n のみたすべき条件を求めよ。
（3）省略

（2005　同志社大学）

（1）は因数分解によりいえます。
$$4^n - 1 = (4-1)(4^{n-1} + 4^{n-2} + 4^{n-3} + \cdots + 4 + 1)$$
$$= 3(4^{n-1} + 4^{n-2} + 4^{n-3} + \cdots + 4 + 1)$$
と因数分解されるので、3で割り切れます。

（2）は、$4^n - 1$ が3の倍数であることを利用します。4^n の形をつくるために、n を奇数と偶数に分けて考えます。

n が奇数のとき、$n = 2m + 1$（$m \geq 0$）とおくと、
$$2^n + 1 = 2^{2m+1} + 1 = 2 \cdot 2^{2m} + 1 = 2(2^2)^m + 1$$
$$= 2 \cdot 4^m + 1 = 2(4^m - 1) + 3$$
となり、$m \geq 1$ のとき、（1）より $4^m - 1$ は3で割り切れるので、$2^n + 1$ は3で割り切れます。また、$m = 0$ のとき、つまり $n = 1$ のときは $2^1 + 1 = 3$ となって、やはり3で割り切れます。

n が偶数のとき、$n = 2m$（$m \geq 1$）とおくと、
$$2^n + 1 = 2^{2m} + 1 = 4^m + 1 = (4^m - 1) + 2$$
（1）より、$4^m - 1$ は3で割り切れるので、$2^n + 1$ は3で割ると2余る数となり、3で割り切れません。

以上より、$2^n + 1$ は n が奇数のとき、そのときに限り3で割り切れることがわかります。これで同志社大学の問題が終わりました。

$2^n + 1$ は、$n = 2^m$ のときフェルマー数 F_m ですが、$n = 2^m$ は $m \geq 1$ のとき偶数です。この問題より $2^n + 1$ が3を素因数にもつのは n が奇数のときだけであることがいえているので、フェルマー数は $F_0 = 3$ 以外は3で割り切れないことがわかります。

フェルマー数 F_n は n が大きくなるにつれて、非常に大きな数になっていくので、コンピュータが発達した現在でも

素因数を見つけるのは容易ではありません。しかし,面白いことに素因数がわからなくても,素数であるかどうかがわかる判定法があるのです。ペパンという人が1877年に次のことを示しました。

「$n \geqq 1$ のとき,F_n が素数であるのは $3^{(F_n-1)/2}+1$ が F_n で割り切れるときで,かつそのときに限る」

という結果です。例えば $F_2 = 17$ のとき,

$$3^{(F_2-1)/2} + 1 = 3^8 + 1 = 6562 = 17 \cdot 386$$

となり,$3^{(F_2-1)/2}+1$ が $F_2 = 17$ で割り切れるので,$F_2 = 17$ が素数であることが判定できるというもので,ペパンの判定法と呼ばれています。

現在このような素数判定法がいろいろと研究されています。

この節ではフェルマー数 $2^{2^n}+1$ を見てきましたが,$a^{2^n}+1$ の形の数で $a \geqq 3$ のときは一般フェルマー数と呼ばれ,その素因数についての研究もなされています。

大きな数の素因数の研究は,現代の数論の重要な側面なのです。

第3章
ピタゴラスの定理から眺める世界
直角三角形が奏でる数論の調べ

3・1 ピタゴラス数

この章では，誰もが知っているピタゴラスの定理（三平方の定理）からどのような世界が見えるか，その風景を楽しんでもらえればと思います。

直角三角形の 3 辺の長さを a，b，c（c は斜辺）とすると，$a^2 + b^2 = c^2$ が成り立ちます。これがピタゴラスの定理としてよく知られている定理です。逆に，3 数 a，b，c の間に $a^2 + b^2 = c^2$ の関係が成り立つとき，a，b，c は c を斜辺とする直角三角形の 3 辺の長さになります。

a，b，c が実数であれば，ピタゴラスの定理として述べられている以上のことはとくにありません。a，b がどんな実数であっても $a^2 + b^2$ の平方根をとれば実数 c が決まります。しかし，a，b，c を整数とすると，$a^2 + b^2 = c^2$ の関係式からいろいろな面白い性質が浮かび上がってきます。数論の立場から見ると，ピタゴラスの定理は豊かな数学の世界を見せてくれるのです。

$a^2 + b^2 = c^2$ を満たす整数 (a, b, c) の値の組を**ピタゴラス数**と呼びます。ピタゴラス数の代表的なものとして，$(3, 4, 5)$，$(5, 12, 13)$ などがあります。$(6, 8, 10)$，$(9, 12, 15)$ もピタゴラス数ですが，これらは $(3, 4, 5)$ の各数をそれぞれ 2 倍，3 倍したものです。直角三角形でいうと，$(3, 4, 5)$，$(6, 8, 10)$，$(9, 12, 15)$ を 3 辺とする直角三角形は相似になります。

ですから，3 数の最大公約数が 1 のピタゴラス数が本質的です。このようなピタゴラス数を**既約なピタゴラス数**と呼び

第3章　ピタゴラスの定理から眺める世界

ましょう。既約なピタゴラス数をいくつかあげると，
　　　$(3, 4, 5), (5, 12, 13), (8, 15, 17),$
　　　$(20, 21, 29), (12, 35, 37), (9, 40, 41),$
　　　$(28, 45, 53), (13, 84, 85), (65, 72, 97)$
などがあります。

　では，これらの既約なピタゴラス数を眺めて，どのようなことに気がつくでしょうか。

　ピタゴラス数を(a, b, c)とします。このあともピタゴラス数を(a, b, c)と書いたとき，$a<c$，$b<c$と仮定します。つまりcを直角三角形の斜辺の長さとします。

　既約なピタゴラス数を眺めると，まずcが奇数であることに気づきます。さらにa，bの一方が奇数で一方が偶数になっているようです。さらによく眺めると，a，bのうち偶数の方は4の倍数になっているようです。他にはどうでしょう。a，bのどちらかが3の倍数になっているし，3数のどれかが5の倍数になっているようです。

　これらの観察はすべての既約なピタゴラス数についていえるのでしょうか。それとも反例があるのでしょうか。これらのことについて考えてみましょう。

　次の問題を見てください。

■■■■■■■■■■■■■■■■■■■■■■■■■■■■■■■■■■■■■■■
　a，b，cはどの2つも1以外の共通な約数をもたない正の整数とする。
　a，b，cが，$a^2+b^2=c^2$を満たしているとき，次の問いに答えよ。
（1）cは奇数であることを示せ。
（2）a，bの1つは3の倍数であることを示せ。

（3）a，b の 1 つは 4 の倍数であることを示せ。

(2004　旭川医科大学)

　この問題によって，上で観察したことのいくつかが成り立つことがわかります。

　ここでひと言注意をしておくと，一般に 3 つの自然数のどの 2 つも 1 以外の共通な約数をもたない（どの 2 数も互いに素）ということは，3 つの自然数の最大公約数が 1 であることよりも強い条件になります。例えば，(2, 4, 5) の最大公約数は 1 ですが，2 と 4 は公約数 2 をもっていて互いに素ではありません。しかし，ピタゴラス数の場合は，この 2 つの条件は同値です。なぜなら，3 数 (a, b, c) の最大公約数が 1 のとき，a，b の公約数を $d(>1)$ とすると，$a^2 + b^2 = c^2$ より，c も d の倍数になって，a，b，c の最大公約数が 1 であることに反するからです。a と c，b と c が 1 より大きい公約数をもつ場合も同様です。

　旭川医科大学の問題を考えてみたいのですが，証明に必要な性質の準備を含めて，先に次の問題を考えてみましょう。

　次の各問いに答えよ。
（1）n を自然数とするとき，n^2 は 3 の倍数かまたは 3 で割った余りが 1 であることを証明せよ。
（2）自然数 a，b，c が $a^2 + b^2 = c^2$ をみたすとき，a，b のうちの少なくとも 1 つは 3 の倍数であることを証明せよ。

(2000　滋賀大学)

この問題は，ピタゴラス数が既約であることは仮定していません。この問題で証明するのは，ピタゴラス数が既約でなくても成り立つ性質です。

　まず，(1)を考えてみましょう。自然数 n を 3 で割った余りに注目して議論します。

　$n = 3k$ のときは $n^2 = 9k^2$ となるので明らかに 3 の倍数です。

　$n = 3k + 1$ のとき，
$$n^2 = 9k^2 + 6k + 1 = 3(3k^2 + 2k) + 1$$
となって，3 で割った余りが 1 になります。

　$n = 3k + 2$ のとき，
$$n^2 = 9k^2 + 12k + 4 = 3(3k^2 + 4k + 1) + 1$$
となって，やはり 3 で割った余りが 1 になります。

　したがって，n^2 は 3 の倍数か，3 で割った余りが 1 であることがわかります。

　(2)を考えます。背理法で証明をしましょう。

　いま a，b がともに 3 の倍数でないと仮定します。このとき，(1)の議論より，a^2，b^2 はどちらも 3 で割った余りが 1 になります。だから左辺 $a^2 + b^2$ を 3 で割った余りは 2 となります。

　ところが(1)より，右辺の c^2 を 3 で割った余りは 0 か 1 なので，両辺を 3 で割ったときの余りが合わず矛盾します。したがって，a，b のうち少なくとも 1 つは 3 の倍数であることがいえました。これで滋賀大学の問題を終わります。

　滋賀大学の問題は，$a^2 + b^2 = c^2$ を 3 で割った余りという観点で眺めた結果ですが，これを 4 で割った余りという観点で眺めると次のようになります。

以下の問いに答えよ。

（1）n を自然数とする。このとき，n^2 を 4 で割った余りは 0 または 1 であることを証明せよ。

（2）3 つの自然数 a，b，c が $a^2 + b^2 = c^2$
を満たしている。このとき，a，b の少なくとも一方は偶数であることを証明せよ。

（2001　千葉大学）

　この問題も，ピタゴラス数が既約であることを仮定していません。

　この問題は，前の滋賀大学の問題とほとんど同じ考え方で解くことができます。まず（1）は，自然数 n を 2 で割った余りで分類して偶数と奇数とに分けます。

　$n = 2k$ のとき $n^2 = 4k^2$ となって，4 で割った余りは 0 です。

　$n = 2k + 1$ のとき $n^2 = 4k^2 + 4k + 1 = 4(k^2 + k) + 1$ となるので，4 で割った余りは 1 です。これで（1）が証明できました。

　次に（2）です。やはり背理法で証明をしましょう。いま a，b がともに奇数であると仮定します。このとき，（1）の議論より，a^2，b^2 はどちらも 4 で割った余りが 1 になります。だから左辺 $a^2 + b^2$ を 4 で割った余りは 2 となります。ところが（1）より，右辺の c^2 を 4 で割った余りは 0 か 1 なので，両辺を 4 で割ったときの余りが合いません。したがって，a，b のうち少なくとも 1 つは偶数です。これで千葉大学の問題が解けました。

第3章 ピタゴラスの定理から眺める世界

　千葉大学の問題によって，a，bの少なくとも一方は偶数であることがいえたわけですが，(a, b, c)が既約なピタゴラス数であれば，a，bがともに偶数であることはないので，一方が偶数でもう一方が奇数であることがわかります。そしてさらに，a，bの一方だけが4の倍数であることまでいえるというのが旭川医科大学の問題（3）です。

　では，旭川医科大学の問題（61ページ）を考えてみましょう。

　（1）のcが奇数であることは次のようにいえます。問題の条件より，a，bが互いに素なので，上で述べたように，a，bの一方が偶数で，もう一方が奇数です。したがってa^2，b^2も一方が偶数で，もう一方が奇数になります。これより，c^2は偶数と奇数の和なので奇数，つまりcは奇数になります。

　（2）は滋賀大学の問題（62ページ）より，a，bの少なくとも一方は3の倍数であることがいえますが，互いに素であることから，一方だけが3の倍数になります。

　（3）は，（1）で行った議論よりaを偶数，bを奇数としてもかまいません。$b = 2k + 1$とおき，cも奇数なので$c = 2\ell + 1$とおきます。

　このとき，
$$a^2 = c^2 - b^2 = (2\ell + 1)^2 - (2k + 1)^2$$
$$= (4\ell^2 + 4\ell + 1) - (4k^2 + 4k + 1)$$
$$= 4\ell(\ell + 1) - 4k(k + 1)$$
となります。$\ell(\ell + 1)$は偶数なので，$4\ell(\ell + 1)$は8の倍数です。$4k(k + 1)$も同様です。したがって，a^2は8の倍数になります。aは偶数と仮定しているので，偶数を4で割

った余りで考えると，a は 4 の倍数か 4 で割った余りが 2 です。もし a が 4 の倍数でないとすると，$a = 4m + 2$ とおくことができて，
$$a^2 = 16m^2 + 16m + 4 = 4(4m^2 + 4m + 1)$$
となり，$4m^2 + 4m + 1$ は奇数なので a^2 は 8 の倍数になりません。よって，a は 4 の倍数になり，証明が完了しました。これで旭川医科大学の問題を終わります。

（1）で c が奇数であることを見ましたが，既約なピタゴラス数をもう一度よく見ると，c は 4 で割ると 1 余る奇数になっているようです。さらに c の素因数は 4 で割って 1 余る素数になっているようです。これらのことは 3・3 節でふれます。

5 の倍数かどうかについては，次の問題があります。

正整数 a，b，c の組 (a, b, c) で $a < b < c$，$a^2 + b^2 = c^2$ を満たすものを P 数とよぶことにして，以下の問に答えよ。
(1) (a, b, c) が P 数であれば，a，b，c のうち少なくともひとつは 5 で割り切れることを示せ。
(2)(3) 省略

（2004　防衛医科大学校）

この問題もピタゴラス数が既約であることは仮定していません。

今までと同じように，自然数 n を 5 で割った余りで分けて考えてみましょう。

$n = 5k$ のとき，n^2 は 5 の倍数です。

$n = 5k \pm 1$ のとき，n^2 を 5 で割った余りは 1 です。

$n = 5k \pm 2$ のとき，n^2 を 5 で割った余りは 4 です。

つまり，n^2 を 5 で割った余りは 0，1，4 のいずれかになります。

この事実を使って背理法で証明します。

a，b，c のすべてが 5 の倍数でないと仮定しましょう。すると，上のことから，a^2，b^2，c^2 を 5 で割った余りは 1 か 4 です。したがって，$a^2 + b^2$ を 5 で割った余りは 0，2，3 のいずれかになります。しかし，c^2 を 5 で割った余りは 1 か 4 なので，両辺を 5 で割った余りが一致しません。したがって，a，b，c の少なくとも 1 つは 5 の倍数であることがいえます。これで防衛医科大学校の問題(1)が解けました。

3・2 ピタゴラス数は無数にあるか？

数論では，ある特別な形の数を考えたとき，それらの数が無数にあるかという問題をよく考えます。では，ピタゴラス数は無数にあるでしょうか。それとも有限個しかないのでしょうか。もちろん (3，4，5)，(6，8，10)，(9，12，15)，(12，16，20)，… というように各数を 2 倍，3 倍，4 倍，… としていけば，無数にピタゴラス数が作れますが，ここでいう無数にあるかという問いは，既約なピタゴラス数は無数にあるかということです。いいかえれば，3 辺の長さが整数の相似でない直角三角形は無数にあるかという問題です。

この問いの答えは次の問題にあります。

二つの自然数が互いに素であるとは，二つの自然数の最大公約数が1であることをいう。三つの自然数が互いに素であるとは，三つの自然数からどの二つの自然数を選んでも，その選んだ二つの自然数が互いに素になることをいう。このとき，次の問に答えよ。
（1）（2）省略
（3）三つの互いに素な自然数を三辺の長さとする直角三角形は無数にあることを示せ。

（2006　大阪教育大学）

この問題は（1）（2）で誘導をして考えさせていますが，ここでは次の問題を使って，既約なピタゴラス数が無数にあることを示しましょう。

3つの自然数 a，b，c を，次の式により，3つの自然数 ℓ，m，n（ただし，$m > n$ とする）を用いて定義する。
$$a = \ell(m^2 - n^2),\ b = 2\ell mn,\ c = \ell(m^2 + n^2)$$
次の問いに答えよ。
（1）a，b，c は，$a^2 + b^2 = c^2$ をみたしていることを証明せよ。
（2）（3）省略

（2002　京都府立大学　一部）

（1）は単に代入すればできます。
$$a^2 + b^2 = \ell^2(m^2 - n^2)^2 + 4\ell^2 m^2 n^2$$

第3章　ピタゴラスの定理から眺める世界

$$= \ell^2(m^4 - 2m^2n^2 + n^4 + 4m^2n^2)$$
$$= \ell^2(m^4 + 2m^2n^2 + n^4)$$
$$= \ell^2(m^2 + n^2)^2 = c^2$$

これで $\ell(m^2 - n^2)$，$2\ell mn$，$\ell(m^2 + n^2)$ の数の組がピタゴラス数であることがわかり，京都府立大学の(1)が解けました。

ここで ℓ 倍するのは相似三角形をつくることになるので，本質的には，$m^2 - n^2$，$2mn$，$m^2 + n^2$ の数の組を考えれば十分です。この3式に，自然数 m，n の値を代入すると，ピタゴラス数が無数に作れるのですが，この3数が既約なピタゴラス数になっているかというと，そうとは限りません。

例えば，$m = 3$，$n = 1$ とすると，
$$m^2 - n^2 = 8 , \; 2mn = 6 , \; m^2 + n^2 = 10$$
となって，最大公約数は2です。一般に，m と n がともに偶数あるいはともに奇数のときは，$m^2 - n^2$，$2mn$，$m^2 + n^2$ がすべて偶数になるので，これらの3数は既約なピタゴラス数にはなりません。

では，m，n の一方が偶数で，もう一方が奇数の場合は既約になるのでしょうか。実はこれに加えて，m，n が互いに素であれば，既約になることがいえます。

例えば $(m , n) = (7 , 4)$ のとき，
$$m^2 - n^2 = 33 = 3 \cdot 11 ,$$
$$2mn = 56 = 2^3 \cdot 7 ,$$
$$m^2 + n^2 = 65 = 5 \cdot 13$$
となって，既約なピタゴラス数になっています。

この理由は次の通りです。m，n の一方が偶数で，もう一方が奇数であることから，$m^2 \pm n^2$ は奇数となり，2は

3数の公約数にはなりません。p を $2mn$ の1つの奇数の素因数とすると, $2mn$ は p で割り切れますが, $m^2 \pm n^2$ は p で割り切れません。なぜなら, m, n が互いに素なので, p は m, n の一方だけの素因数だからです。したがって, $m^2 \pm n^2$ は p で割り切れないことがわかります。これより, $m^2 - n^2$, $2mn$, $m^2 + n^2$ には共通の素因数は存在しないことがいえて, これらは既約なピタゴラス数になります。

m, n が互いに素で, 一方が偶数, 他方が奇数の組は無数にあります。それは例えば, $(m, n) = (3^k, 2^k)$, $k = 1, 2, 3, \cdots$ とすると明らかです。このことより既約なピタゴラス数は無数にあることがわかります。そしてこのことは, 大阪教育大学の問題に答えたことになっています。

ではそもそも, この京都府立大学の問題にある,
$$m^2 - n^2, \ 2mn, \ m^2 + n^2$$
という形の3数は, どのようにして得られるのでしょうか。それを説明しましょう。

ピタゴラス数を (a, b, c) として (いま既約であることはとくに仮定していません), $a^2 + b^2 = c^2$ の両辺を c^2 で割ると $\left(\dfrac{a}{c}\right)^2 + \left(\dfrac{b}{c}\right)^2 = 1$ となります。ここで, 座標平面上の点 $\left(\dfrac{a}{c}, \dfrac{b}{c}\right)$ を考えると, この点は x 座標, y 座標とも有理数で, 単位円 (原点中心で, 半径1の円) $x^2 + y^2 = 1$ 上にあります (図1)。

このように曲線上の点で座標がともに有理数である点を, その曲線上の**有理点**といいます。ピタゴラス数の問題が単位円上の有理点の問題にいいかえられることに注意してくださ

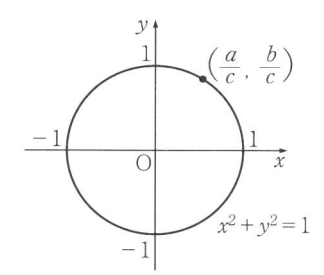

第3章　ピタゴラスの定理から眺める世界

図1

い。つまり上で見たように，ピタゴラス数 (a, b, c) があれば，単位円 $x^2 + y^2 = 1$ 上の有理点が決まり，そしてこの後すぐ説明するように，単位円上の有理点に対して，ピタゴラス数が決まります。

このように，整数の問題を曲線上の有理点の問題に直して考えるのは，現代の数論の一つの重要な考え方です。この立場から，先ほどのピタゴラス数を導き出しましょう。

図2のように単位円上に点 $A(-1, 0)$ と第1象限の有理点 P をとり，直線 AP を考えます。この直線 AP の傾きは有理数になるので，それを $\dfrac{n}{m}$ とおきます。ここで，$\dfrac{n}{m}$ は

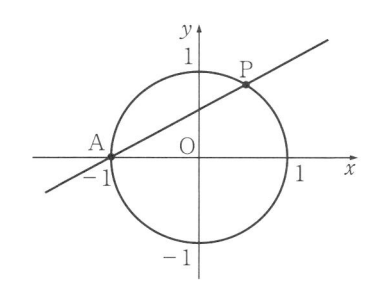

図2

既約分数とします。つまり，m，n は互いに素です。そして，この直線と単位円との交点を求めます。

$y = \dfrac{n}{m}(x+1)$ を $x^2 + y^2 = 1$ に代入して整理すると，方程式
$$(m^2 + n^2)x^2 + 2n^2 x + n^2 - m^2 = 0$$
が得られます。因数分解して
$$(x+1)\{(m^2 + n^2)x - (m^2 - n^2)\} = 0$$
となり，これより点 P の x 座標は，$x = \dfrac{m^2 - n^2}{m^2 + n^2}$ となります。

このとき，y 座標を計算すると，$y = \dfrac{2mn}{m^2 + n^2}$ となり，
$$\left(\dfrac{m^2 - n^2}{m^2 + n^2},\ \dfrac{2mn}{m^2 + n^2} \right)$$
が有理点 P の座標になります。そして，
$$\left(\dfrac{m^2 - n^2}{m^2 + n^2} \right)^2 + \left(\dfrac{2mn}{m^2 + n^2} \right)^2 = 1$$
より，分母を払うと，
$$(m^2 - n^2)^2 + (2mn)^2 = (m^2 + n^2)^2$$
となります。これより，ピタゴラス数
$$(m^2 - n^2,\ 2mn,\ m^2 + n^2)$$
を得ることができました。

以上のことから，ピタゴラス数 $(a,\ b,\ c)$ に対して，単位円上の有理点 $\left(\dfrac{a}{c},\ \dfrac{b}{c} \right)$ が決まります。そして逆に，単位円上の有理点 P に対応して，ピタゴラス数 $(m^2 - n^2$,

$2mn$,m^2+n^2)(m,nは互いに素)が決まることがわかりました。

前に述べたように、(m^2-n^2, $2mn$, m^2+n^2)が既約なピタゴラス数であるためには、m,nが互いに素で、一つが偶数、もう一つが奇数であることが必要でした。このことを使って、既約なピタゴラス数(a,b,c)が与えられたとき、$a=m^2-n^2$,$b=2mn$,$c=m^2+n^2$と書けることがいえますが、この証明は省略します。

m,nの一方が偶数、もう一方が奇数なので、m^2,n^2の一方は4で割った余りが0、もう一方は4で割った余りが1となります。したがって、$c=m^2+n^2$よりcを4で割った余りが1であることがわかります。そしてこの事実は、次節のフェルマーの平方和定理に結びついています。

3・3 フェルマーの平方和定理

3・3節と3・4節では、ピタゴラスの定理の形を少し変えるとどのようなことがいえるかを見ていきます。数論の問題は少し形を変えただけで問題の難しさが変わってしまうことがよくあります。ピタゴラスの定理の変形を考えると、どのような世界が開けていくか、ピタゴラスの定理の主題による変奏曲といったものを楽しんでください。

まず最初に、変数の数を増やしてみるとどうなるでしょうか。

自然数 a, b, c, d が $a^2+b^2+c^2=d^2$ を満たしている。次の問いに答えよ。
（1）d が3で割りきれるならば，a, b, c はすべて3で割りきれるか，a, b, c のどれも3で割りきれないかのどちらかであることを示せ。
（2）a, b, c のうち偶数が少なくとも2つあることを示せ。

(2000　横浜国立大学)

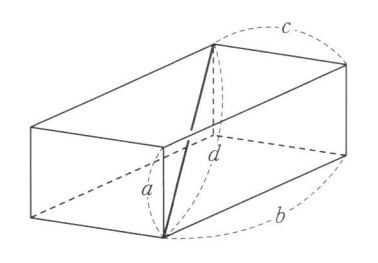

図3

　ピタゴラスの定理は直角三角形の3辺の長さについての定理ですが，これを長方形の2辺と対角線の長さの関係と見ることができます。このように見ると，この問題で与えられている $a^2+b^2+c^2=d^2$ の関係は，直方体の3辺と空間の対角線の長さの関係を表していると見ることができます（図3）。いわばピタゴラスの定理の3次元版です。そしてこれらの長さがすべて整数である場合について，どのような性質があるかという問題がこの横浜国立大学の問題です。
　まず(1)を解きましょう。

第3章 ピタゴラスの定理から眺める世界

　自然数の2乗を3で割った余りは0か1でした（$n = 3k$，$3k + 1$，$3k + 2$ と場合分けしてみれば明らかです）。したがって，d が3で割り切れるならば，d^2 を3で割った余りが0なので，a^2，b^2，c^2 はすべて3で割った余りが0であるか，すべて3で割った余りが1です。前者の場合は a，b，c のすべてが3で割り切れ，後者の場合はどれも3で割り切れません。これで(1)が証明できました。

　次に(2)です。自然数を偶数と奇数に分けて考えると，自然数の2乗を4で割った余りはそれぞれ0，1であることがいえました（$n = 2k$，$2k + 1$ と場合分けしてみれば明らかです）。

　d が偶数のときは d^2 を4で割った余りが0なので，a^2，b^2，c^2 を4で割った余りはすべて0でなければなりません。よって a，b，c はすべて偶数です。d が奇数のときは d^2 を4で割った余りが1なので，a^2，b^2，c^2 を4で割ったとき，1つだけが余りが1で，残りの2つは0です。したがって，a，b，c のうち，2つが偶数となります。以上より a，b，c のうち偶数が少なくとも2つあることがいえました。これで横浜国立大学の問題を終わります。

　少し問題を変えて，直方体の3辺と3つの面の対角線の長さがすべて整数であるような直方体が存在するか，という問題があります。ここでは空間の対角線は考えていません。記号で書くと，直方体の3辺の長さを a，b，c，各面の長方形の対角線の長さを e，f，g としたとき，
$$a^2 + b^2 = e^2,\ b^2 + c^2 = f^2,\ c^2 + a^2 = g^2$$
を同時に満たす自然数が存在するかという問題になります（図4）。

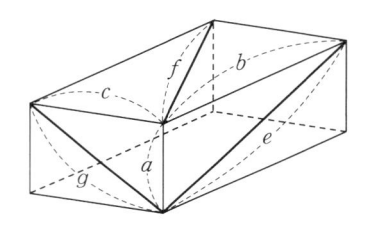

図4

これにはオイラーが発見したといわれる解，
 $a = 240$，$b = 44$，$c = 117$，
 $e = 244$，$f = 125$，$g = 267$
があります。しかし，さらに空間の対角線の長さ d も整数であるような直方体が存在するか，つまり，
 $a^2 + b^2 + c^2 = d^2$
を付け加えた方程式に整数解が存在するかという問題が考えられますが，これは未解決です。

次に，ピタゴラスの定理で $a^2 + b^2 = c^2$ の右辺を平方数ではなく，自然数 n とするとどうなるでしょうか。つまり，n を自然数として $a^2 + b^2 = n$ の自然数解がどのようになるかという問題を考えます。

まず，どのような自然数 n でも2つの平方数の和で書けるかというと，そうではありません。例えば，65は $65 = 1^2 + 8^2 = 4^2 + 7^2$ のように2通りに平方数の和で書けますが，15は2つの平方数の和で書くことはできません。

では，どのような自然数 n が2つの平方数の和で書けるのでしょうか。これを考えるために，素数 p を2つの平方数の和で表す問題を考えてみましょう。

$p = 13$ は，$13 = 2^2 + 3^2$と1通りに表すことができます。

しかし，$p=7$ は2つの平方数の和で表すことはできません。この2つの素数の違いは何でしょうか。実は，**フェルマーの平方和定理**と呼ばれている次のような美しい定理があります。

「素数 p が $p = a^2 + b^2$ のように2つの平方数の和として表されるための必要十分条件は，p が2であるか4で割って1余る素数となっていることである」

このとき p が素数であることから自然数 a，b は互いに素であることはすぐにわかります。そして表し方は1通りです。フェルマーはこの事実を書き記していますが，証明はオイラーによるといわれています。

実は，この定理は単にピタゴラスの定理の変形というものではなく，数論の大きな流れの源流となる重要な定理です。

実際 2 は $2 = 1^2 + 1^2$ となり，$5 = 1^2 + 2^2$，$13 = 2^2 + 3^2$，$17 = 1^2 + 4^2$，$29 = 2^2 + 5^2$ のように4で割って1余る素数は2つの平方数の和として1通りに書けます。

一方，4で割って3余る素数 3, 7, 11, 19, … は2つの平方数の和で表すことはできません。これは平方数を4で割った余りは0か1なので，2つの平方数の和を4で割ると余りは 0, 1, 2 のいずれかであり，4で割った余りが3にならないことからわかります。

では素数ではなく，一般にどのような自然数が2つの平方数の和で表されるかという問題を考えてみましょう。つまり，$n = a^2 + b^2$ と表すことのできる自然数 n はどのような自然数かという問題です。

このことを考えるために，まず次の問題を見てください。

次の各問に答えよ。

（1）次の等式を証明せよ。
$$(a^2 + b^2)(c^2 + d^2) = (ac + bd)^2 + (ad - bc)^2$$

（2）二つの整数の平方の和で表される数の全体からなる集合を A とする。x, y が集合 A の要素であるとき，積 xy もまた集合 A の要素であることを証明せよ。

（3）省略

（2001　鹿児島大学）

（1）の関係式そのものを見出すのは難しいですが，証明は簡単です。

$$\begin{aligned}
右辺 &= a^2c^2 + b^2d^2 + a^2d^2 + b^2c^2 \\
&= a^2(c^2 + d^2) + b^2(c^2 + d^2) \\
&= (a^2 + b^2)(c^2 + d^2) \\
&= 左辺
\end{aligned}$$

となります。

（2）は（1）を使って示します。x, $y \in A$ のとき，$x = a^2 + b^2$, $y = c^2 + d^2$ とおきます。このとき（1）より，
$$xy = (a^2 + b^2)(c^2 + d^2) = (ac + bd)^2 + (ad - bc)^2$$
となり，これは2つの平方数の和になっているので A の要素です。よって $xy \in A$ がいえました。ただ，問題（2）では2つの平方数の和というときに，片方が 0^2 である場合も含めて考えています。これで鹿児島大学の問題を終わります。

　フェルマーの平方和定理より，2，および4で割って1余る素数は互いに素な平方数の和で書けるので，この問題から4で割って1余る素数の積，あるいは4で割って1余る素数

と2の積は2つの平方数の和で書けることがわかります。

そして，$n = a^2 + b^2$ と表される自然数 n はどのような自然数か，という答えが次の性質です。

「自然数 n が $n = 2p_1p_2\cdots p_r$（各 p_i〈$i = 1，2，\cdots，r$〉は4で割って1余る素数）と素因数分解できるとき，n は互いに素な2つの自然数の平方の和で表され，また逆に，2つの互いに素な自然数の平方の和で表されている自然数の素因数は2か，4で割って1余る素数に限る」

この性質は既約なピタゴラス数 $(a，b，c)$ において，c がどのような数であるのかを教えてくれます。3・1節（66ページ）でふれたように，c は4で割って1余る奇数であり，さらに c の素因数は4で割って1余る素数だけでしたが，これらのことはここで述べた性質からいえます。

また，第1章の終わりで述べた「2次式 $n^2 + 1$ を素因数分解したときに現れる素数は2と，4で割って1余る素数のみである」という事実が成り立つこともわかります。

以上のように，ピタゴラスの定理の指数を1つ落とすと，思いもかけない深い数学の世界に足を踏み入れることになるのです。

では，今度は逆に指数を上げるとどうなるかを見てみましょう。

3・4 フェルマーの定理

$a^2 + b^2 = c^2$ を満たす整数は存在し,しかも無数に存在しました。では,n を 3 以上の整数とするとき,$a^n + b^n = c^n$ を満たす自然数 (a, b, c) はどのようになるかという問題が考えられます。$n \geqq 3$ のときには $a^n + b^n = c^n$ を満たす自然数 (a, b, c) が存在しないことを,17 世紀にフェルマーが予想しました。

次の問題を見てください。

「n を 2 より大きい自然数とするとき $x^n + y^n = z^n$ を満たす整数解 $x, y, z (xyz \neq 0)$ は存在しない。」というのはフェルマーの最終定理として有名である。しかし多くの数学者の努力にもかかわらず一般に証明されていなかった。ところが 1995 年にこの定理の証明がワイルスの 100 ページを超える大論文と,テイラーとの共著論文により与えられた。当然 $x^3 + y^3 = z^3$ を満たす整数解 x, y, z $(xyz \neq 0)$ は存在しない。

さて,ここではフェルマーの定理を知らないものとして,次を証明せよ。

x, y, z を 0 でない整数とし,もしも等式 $x^3 + y^3 = z^3$ が成立しているならば,x, y, z のうち少なくとも 1 つは 3 の倍数である。

(1998 信州大学)

実際は $x^3 + y^3 = z^3 (xyz \neq 0)$ を満たす 0 でない整数は存

在しないわけですが、もし存在するとすれば、という論理的な議論を問う問題です。もし $n = 3$ に対して、**フェルマーの定理**が成り立つかどうかわかっていなければ、一つの意味ある結果になり、これは奇数の完全数がもしあるとすれば、こういう性質をもっていなければならない（49ページ）、という問題などと同種の問いかけになります。

では、この問題を解いてみましょう。背理法で証明します。つまり x、y、z がすべて 3 の倍数でないと仮定して矛盾を導きます。ここで使う議論は、3 の倍数でない数の 3 乗を 9 で割った余りは 1 か 8 であるということです。なぜなら、3 の倍数でない数は $3k + 1$、$3k + 2$ の形をしていて、

$$(3k + 1)^3 = 27k^3 + 27k^2 + 9k + 1$$
$$= 9(3k^3 + 3k^2 + k) + 1$$
$$(3k + 2)^3 = 27k^3 + 54k^2 + 36k + 8$$
$$= 9(3k^3 + 6k^2 + 4k) + 8$$

となるからです。このことより、左辺の $x^3 + y^3$ を 9 で割った余りは 0、2、7 のいずれかになります。なぜなら、x^3 と y^3 の余りが 1 と 1 なら $x^3 + y^3$ の余りは 2 となり、1 と 8 なら 9、8 と 8 なら 16 ですが、さらに 9 で割って、余りはそれぞれ 0、7 となるからです。一方、右辺の z^3 を 9 で割った余りは 1 か 8 なので、両辺の余りが合わず矛盾が生じます。したがって、x、y、z のうち少なくとも 1 つは 3 の倍数であることが証明できました。これで、信州大学の問題を終わります。

$a^n + b^n = c^n$ を $\left(\dfrac{a}{c}\right)^n + \left(\dfrac{b}{c}\right)^n = 1$ と変形すると、

$x^n + y^n = 1$ という曲線上の有理点の問題になります。つま

り，フェルマーの定理は，$n \geq 3$ のとき，$(x, y) = (1, 0)$，$(0, 1)$ などの自明なもの以外に曲線 $x^n + y^n = 1$ 上に有理点が存在しないという定理です。3・2節（70ページ）でも見ましたが，整数の問題をこのように曲線上の有理点の問題に置き換えることによって数学の様々な手法を使うことが可能になります。

フェルマーの定理の一般的な証明は数学の発展を待たねばならず，解決まで長い年月がかかりました。しかし，$n \geq 3$ の特別な n の値についてはいろいろな数学者によって証明されていました。n が第1章で述べたソフィー・ジェルマンの素数（28ページ）の場合もその一つです。

$n = 3$ の場合については，c を素数とした場合が入試問題として出題されています。c を素数に限定すると問題がより容易になります。

次の問に答えよ。
（1）$a + b \geq a^2 - ab + b^2$ をみたす正の整数の組 (a, b) をすべて求めよ。
（2）$a^3 + b^3 = p^3$ をみたす素数 p と正の整数 a，b は存在しないことを示せ。

（1999　早稲田大学）

この問題の(1)は，もちろん(2)を証明するための誘導問題です。(1)から考えてみましょう。感覚的には $a + b$ より $a^2 - ab + b^2$ の方が大きく感じるので，この不等式を満たす (a, b) の組はそんなに多くないと考えられます。

$a + b \geq a^2 - ab + b^2$ より，

第 3 章　ピタゴラスの定理から眺める世界

$$a^2 - (b+1)a + b^2 - b \leqq 0$$

となり，平方完成をして，

$$\left(a - \frac{b+1}{2}\right)^2 + \frac{3}{4}(b-1)^2 \leqq 1$$

となります。これより，$b - 1 = 0$，1，すなわち $b = 1$，2 であることがいえます。

$b = 1$ のとき，$(a-1)^2 \leqq 1$ となり，$a - 1 = 0, 1$ より $a = 1$，2 となります。

$b = 2$ のとき，$\left(a - \frac{3}{2}\right)^2 + \frac{3}{4} \leqq 1$，これより

$(2a-3)^2 \leqq 1$ となり，$a = 1$，2 であることが得られます。

したがって求める (a, b) の組は

$$(a, b) = (1, 1), (2, 1), (1, 2), (2, 2)$$

です。

これを利用して(2)を解きます。

$a^3 + b^3 = p^3$ より，$(a+b)(a^2 - ab + b^2) = p^3$

です。ここで場合分けをして，

(ⅰ) $a + b \geqq a^2 - ab + b^2$ のとき，(1)より

$$(a, b) = (1, 1), (2, 1), (1, 2), (2, 2)$$

なので，これらを方程式に代入すると，$a^3 + b^3$ の値は 2，9，16 となり，これが p^3 と等しくなることはありません。したがって，この場合には方程式をみたす a，b，p の値はありません。

(ⅱ) $a + b < a^2 - ab + b^2$ のとき，$a + b \geqq 2$ であることから，$(a+b)(a^2 - ab + b^2) = p^3$ より

$$a + b = p, \quad a^2 - ab + b^2 = p^2$$

となります。

$a^2 - ab + b^2 = p^2$ より，$(a+b)^2 - 3ab = p^2$
これに $a + b = p$ を代入すると，$p^2 - 3ab = p^2$ となり，$ab = 0$ となります。これは，a，b が正の整数であることに反します。

(ⅰ)，(ⅱ) より，方程式を満たす a，b，p の値が存在しないことがいえました。これで早稲田大学の問題を終わります。

フェルマーの定理の形からはずれますが，早稲田大学の問題で右辺の素数 p の指数を 1 つ下げて指数を 2 にしてみましょう。すると解はどうなるでしょうか。次の問題を見てください。

自然数 x，y を用いて $p^2 = x^3 + y^3$
と表せるような素数 p をすべて求めよ。また，このときの x，y をすべて求めよ。

(2001 千葉大学)

この問題は，素数 p の指数が 3 ではなく，2 であれば解が存在することを示しています。

p^3 が p^2 に変わったことで，どこが違ってくるのか，先ほどの早稲田大学の問題の証明と比較しながら解いてみましょう。

$x^3 + y^3 = p^2$ より，$(x+y)(x^2 - xy + y^2) = p^2$ です。ここで，同じように場合分けをすると，
(ⅰ) $x + y \geqq x^2 - xy + y^2$ のとき，
$$(x, y) = (1, 1), (2, 1), (1, 2), (2, 2)$$
となりました。このとき $x^3 + y^3$ の値は 2，9，16 となって，

これが p^3 と等しくなることはなかったのですが，p^2 と等しくなることは可能です。$9 = 3^2$ なので，素数 $p = 3$ のとき，$(x, y) = (2, 1), (1, 2)$ の解が存在します。

(ⅱ) $x + y < x^2 - xy + y^2$ のとき，

$(x + y)(x^2 - xy + y^2) = p^2$ より $x + y$ と $x^2 - xy + y^2$ の値の組合せは，

$(x + y, x^2 - xy + y^2) = (1, p^2), (p, p), (p^2, 1)$

が考えられますが，どの場合も $x + y \geqq 2$ または $x + y < x^2 - xy + y^2$ であることに反します。したがって $x^3 + y^3 = p^2$ を満たす p，x，y の値はありません。

以上のことから，$p^2 = x^3 + y^3$ を満たす素数 p は $p = 3$ のみであり，$(x, y) = (2, 1), (1, 2)$ となります。これで千葉大学の問題を終わります。

さらに素数 p の指数を下げて，$p = x^3 + y^3$ と表されるような素数はどうでしょうか。これも上で述べた議論の流れの中で考えましょう。

$x^3 + y^3 = p$ より，$(x + y)(x^2 - xy + y^2) = p$ です。

(ⅰ) $x + y \geqq x^2 - xy + y^2$ のとき，これを満たす (x, y) は，

$(x, y) = (1, 1), (2, 1), (1, 2), (2, 2)$

で，このとき $x^3 + y^3$ の値は 2，9，16 です。これが素数 p となるのは $p = 2$ のときだけであることがいえます。そしてこのとき $(x, y) = (1, 1)$ です。

(ⅱ) $x + y < x^2 - xy + y^2$ のとき，$x + y \geqq 2$ であることから，$(x + y)(x^2 - xy + y^2) = p$ を満たす p，x，y は存在しません。

したがって，$p = x^3 + y^3$ が成り立つのは $x = y = 1$ のと

き $p = 2$ のみです。

では今度は，x，y の指数も下げて，$p = x^2 + y^2$ を考えるとどうでしょう。$x^3 + y^3$ は因数分解できましたが，$x^2 + y^2$ は因数分解できないので事情が変わります。$p = x^2 + y^2$ を満たす素数 p がどのようなものであるかはすでに 3・3 節（77 ページ）で説明した通りです。

このように，数の問題は少し形を変えると結論や問題の難しさが変わってきます。

では次に，$n = 3$ の場合で変数の数を増やしてみましょう。方程式
$$x^3 + y^3 + z^3 = w^3$$
を考えます。変数を 1 つ増やすと解が存在します。次の問題で解があることを確認しましょう。

連続する 4 つの自然数 x，y，z，w が
$$x^3 + y^3 + z^3 = w^3$$
をみたすとき，x，y，z，w を求めよ。ただし，$x < y < z$ とする。

(1999　名城大学)

---

x，y，z，w が連続する自然数なので，
$$y = x + 1, \ z = x + 2, \ w = x + 3$$
とおきます。

$x^3 + y^3 + z^3 = w^3$ より，$x^3 + y^3 = w^3 - z^3$ となり，これを因数分解して，
$$(x + y)(x^2 - xy + y^2) = (w - z)(w^2 + wz + z^2)$$
となります。

第3章 ピタゴラスの定理から眺める世界

これに $y = x + 1$, $z = x + 2$, $w = x + 3$ を代入すると,
$$(x + x + 1)\{x^2 - x(x + 1) + (x + 1)^2\}$$
$$= (x + 3 - x - 2)$$
$$\times \{(x + 3)^2 + (x + 3)(x + 2) + (x + 2)^2\}$$
両辺をそれぞれ整理して,
$$2x^3 + 3x^2 + 3x + 1 = 3x^2 + 15x + 19$$
これより, $x^3 - 6x - 9 = 0$, さらに $(x - 3)(x^2 + 3x + 3) = 0$ となります。そして x は自然数なので, $x = 3$ となります。したがって解は $(x, y, z, w) = (3, 4, 5, 6)$ の1通りだけになります。これで, 名城大学の問題が解けました。

次に, 方程式の指数が4の場合を考えてみましょう。フェルマーの定理より, $a^4 + b^4 = c^4$ を満たす自然数は存在しないわけですが, このことを取り上げた問題が次の問題です。

---

p, q は互いに素な自然数とする。以下の問いに答えよ。
（1）p, q がともに奇数であるとき, $p^4 + q^4$ は自然数の2乗にならないことを示せ。
（2）省略

（2010　福島県立医科大学）

この問題は p, q が互いに素な自然数のとき, $p^4 + q^4 = r^2$ を満たす自然数 r が存在しないことを証明する問題です。オイラーは1738年にこの証明を与えています。

実は，この問題によって $a^4 + b^4 = c^4$ に自然数の解が存在しないことが証明できます。つまり，この問題はフェルマーの定理の $n = 4$ の場合の証明にもなっているのです。なぜなら，もし方程式 $a^4 + b^4 = c^4$ に自然数の解が存在したとき，$c^2 = r$ とおくと，$a^4 + b^4 = r^2$ に解が存在することになるからです。

　（2）は p，q の一方が偶数で一方が奇数の場合について証明させる問題ですが，かなり複雑なのでここでは省略しました。

　ではこの問題の（1）を解きましょう。p，q がともに奇数のとき，m，n を自然数として，$p = 2m - 1$，$q = 2n - 1$ とおくと，

$$\begin{aligned}
p^4 + q^4 &= \{(2m-1)^2\}^2 + \{(2n-1)^2\}^2 \\
&= \{4(m^2 - m) + 1\}^2 + \{4(n^2 - n) + 1\}^2 \\
&= 4\{4(m^2 - m)^2 + 2(m^2 - m) \\
&\quad + 4(n^2 - n)^2 + 2(n^2 - n)\} + 2
\end{aligned}$$

つまり $p^4 + q^4$ を 4 で割った余りは 2 となります。一方，r^2 を 4 で割った余りは 0 か 1 なので（$r = 2k$，$2k + 1$ と場合分けしてみれば明らかです），$p^4 + q^4$ は自然数の 2 乗にはなりません。これで福島県立医科大学の問題を終わります。

　$n = 3$ の場合，未知数の数を増やした $x^3 + y^3 + z^3 = w^3$ には自然数の解がありましたが，$n = 4$ の場合，$x^4 + y^4 + z^4 = w^4$ はどうでしょう。オイラーは，この方程式には自然数の解がないだろうと予想しました。長い間未解決でしたが，1988 年に無数に解があることが示されました。

　オイラーはさらに変数の数を増やした $x^4 + y^4 + z^4 + w^4 = v^4$ の方には自然数の解があるだろうと予想していました

第3章 ピタゴラスの定理から眺める世界

が、実際に解が発見されたのは 1911 年で、その解は、

$$(x, y, z, w, v) = (30, 120, 272, 315, 353)$$

です。

5 乗の場合について、オイラーは $x^5 + y^5 + z^5 + w^5 = v^5$ には自然数の解がないだろうと考えていたようですが、1966 年に $(x, y, z, w, v) = (27, 84, 110, 133, 144)$ の解が見つけられました。

では次に、一般の n 乗の場合の $a^n + b^n = c^n$ の変形を考えてみましょう。係数を少し変えて、$a^n + 2b^n = 4c^n$ という式を考えます。

$n \geqq 3$ のとき、フェルマーの定理と同じように、方程式 $a^n + 2b^n = 4c^n$ を満たす自然数 (a, b, c) は存在しないのですが、この方程式の場合は証明が容易です。次の問題を見てください。

---

2 以上の自然数 n に対して方程式

$$(*)\quad x^n + 2y^n = 4z^n$$

を考える。次の問いに答えよ。

(1) $n = 2$ のとき、$(*)$ を満たす自然数 x, y, z の例を与えよ。

(2) $n \geqq 3$ のとき、$(*)$ を満たす自然数 x, y, z が存在しないことを示せ。

(2005　首都大学東京)

---

(1) はとにかく探せばいいわけです。例えば、$x = 2$, $y = 4$, $z = 3$ は方程式 $x^2 + 2y^2 = 4z^2$ を満たします。これで (1) は完了です。

（2）は，方程式を満たす x，y，z が存在するとして，矛盾を導きましょう。

これらの解のうち x の値が最小のものを $(x, y, z) = (a, b, c)$ とします。すると，$a^n + 2b^n = 4c^n$ が成り立ちますが，これより，a^n は偶数なので，a も偶数です。そこで $a = 2a_1$ とおきます。すると，
$$2^n a_1{}^n + 2b^n = 4c^n$$
となり，両辺を 2 で割ると
$$2^{n-1} a_1{}^n + b^n = 2c^n$$
となるので，$n \geqq 3$ であることから $2^{n-1} a_1{}^n$ は偶数，したがって b^n が偶数になります。

そして，同じように $b = 2b_1$ とおきます。すると，
$$2^{n-1} a_1{}^n + 2^n b_1{}^n = 2c^n$$
となり，両辺を 2 で割って
$$2^{n-2} a_1{}^n + 2^{n-1} b_1{}^n = c^n$$
となります。ここでまた $n \geqq 3$ より $2^{n-2} a_1{}^n$，$2^{n-1} b_1{}^n$ のいずれも偶数，よって c^n は偶数になります。したがって，$c = 2c_1$ とおくと，
$$2^{n-2} a_1{}^n + 2^{n-1} b_1{}^n = 2^n c_1{}^n$$
となり，両辺を 2^{n-2} で割ると，
$$a_1{}^n + 2b_1{}^n = 4c_1{}^n$$
が得られます。したがって (a_1, b_1, c_1) は方程式を満たしますが，$a > a_1$ なので，これは a の最小性に矛盾します。これにより，方程式の解は存在しないことがいえました。これで首都大学東京の問題を終わります。

（2）の証明で，a の最小性に矛盾するという形で証明しましたが，最後のところで，(a_1, b_1, c_1)，$a > a_1$ という解

が得られたあと，$a_1{}^n + 2b_1{}^n = 4c_1{}^n$ に対して同じ議論を繰り返すと，(a_2, b_2, c_2)，$a_1 > a_2$ という解が存在することがいえます。これを繰り返して，$a > a_1 > a_2 > a_3 > \cdots$ という自然数の無限数列が生じますが，a より小さい自然数は有限個なので，これは矛盾であるというように議論することもできます。このような証明法を**無限降下法**といいます。

（1）にもどって，解をやみくもに探すのではなく，少し理論的に探してみましょう。

$x^2 + 2y^2 = 4z^2$ より両辺を z^2 で割ると，
$\left(\dfrac{x}{z}\right)^2 + 2\left(\dfrac{y}{z}\right)^2 = 4$ となり，$X = \dfrac{x}{z}$，$Y = \dfrac{y}{z}$ とおくと，
$X^2 + 2Y^2 = 4$，すなわち $\dfrac{X^2}{4} + \dfrac{Y^2}{2} = 1$ となります。これは楕円の方程式です。ピタゴラス数のところで単位円上の有理点を求めたように，この楕円上の有理点を求めると，
$x^2 + 2y^2 = 4z^2$ の自然数解を得ることができます。

P を楕円上の第 1 象限にある有理点とし，楕円上の有理点 A$(-2, 0)$ に対し，直線 AP を考えます。直線 AP の傾きを $\dfrac{n}{m}$（m，n は互いに素）とすると，直線 AP の方程式は

$$Y = \dfrac{n}{m}(X + 2)$$

となり，これを楕円の方程式に代入して整理すると，
$$(m^2 + 2n^2)X^2 + 8n^2 X - 4(m^2 - 2n^2) = 0$$
因数分解して，
$$(X + 2)\{(m^2 + 2n^2)X - 2(m^2 - 2n^2)\} = 0$$
これより，$X = -2$，$\dfrac{2m^2 - 4n^2}{m^2 + 2n^2}$ です。

$X = \dfrac{2m^2 - 4n^2}{m^2 + 2n^2}$ のとき，$Y = \dfrac{4mn}{m^2 + 2n^2}$ となります。

よって，$\dfrac{x}{z} = \dfrac{2m^2 - 4n^2}{m^2 + 2n^2}$，$\dfrac{y}{z} = \dfrac{4mn}{m^2 + 2n^2}$ より，解
$$(x, y, z) = (2m^2 - 4n^2, 4mn, m^2 + 2n^2)$$
が得られます。ただこの場合は，ピタゴラス数の場合（69ページ）とちがって，m，n の一方が偶数，もう一方が奇数で，m と n が互いに素であっても，$2m^2 - 4n^2$，$4mn$，$m^2 + 2n^2$ が互いに素であるとは限りません。例えば $m = 2$，$n = 1$ のとき，$(x, y, z) = (4, 8, 6)$ となります。これは $x^2 + 2y^2 = 4z^2$ を満たすわけですが，x，y，z を 2 で割った値 $(x, y, z) = (2, 4, 3)$ も方程式を満たし，(1) で求めた解が得られます。

3・5 直角三角形

3 辺の長さが整数であるような直角三角形の問題はピタゴラス数の問題になります。3・2 節で述べたように，既約なピタゴラス数の一般的な形がわかっているので，これを使えば 3 辺が整数の直角三角形の問題は基本的に解決できることになります。

ここではまず，図形の性質として面白い問題を 1 つ取り上げましょう。

■■■■■■■■■■■■■■■■■■■■■■■■■■■■■■■

各辺の長さが整数となる直角三角形がある。

(1) この直角三角形の内接円の半径は整数であることを示せ。

第3章 ピタゴラスの定理から眺める世界

（2）この直角三角形の三辺の長さの和は三辺の長さの積を割り切ることを証明せよ。

（2002　お茶の水女子大学）

━━━━━━━━━━━━━━━━━━━━━━━━━━━━━

3辺の長さが既約なピタゴラス数の場合について考えれば十分です。既約なピタゴラス数の一般形を使います。

3辺を $a = m^2 - n^2$，$b = 2mn$，$c = m^2 + n^2$ とします。

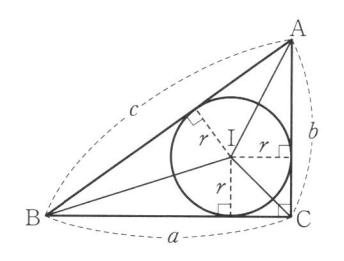

図5

（1）は，内接円の半径を r，中心をIとして，△ABCの面積を2通りに計算します。

$$\triangle \text{ABC} = \frac{1}{2}\text{BC}\cdot\text{AC} = \frac{1}{2}ab$$

一方，

$$\triangle \text{ABC} = \triangle \text{IBC} + \triangle \text{ICA} + \triangle \text{IAB}$$
$$= \frac{1}{2}ar + \frac{1}{2}br + \frac{1}{2}cr$$
$$= \frac{1}{2}r(a+b+c)$$

となり，

$$\frac{1}{2}ab = \frac{1}{2}r(a+b+c)$$

が成り立ちます。a, b, c を m, n を使って表すと，

$$\frac{1}{2} \cdot 2mn(m^2-n^2) = \frac{1}{2}r(m^2-n^2+2mn+m^2+n^2)$$

より，

$$r = \frac{2mn(m^2-n^2)}{2m^2+2mn} = \frac{2mn(m+n)(m-n)}{2m(m+n)}$$
$$= n(m-n)$$

となり，内接円の半径は整数になります。

また（2）は，

$$\frac{abc}{a+b+c} = \frac{(m^2-n^2) \cdot 2mn \cdot (m^2+n^2)}{(m^2-n^2)+2mn+(m^2+n^2)}$$
$$= \frac{2mn(m^2+n^2)(m+n)(m-n)}{2m(m+n)}$$
$$= n(m^2+n^2)(m-n)$$

となり題意が成り立ちます。これでお茶の水女子大学の問題を終わります。

3辺が整数の直角三角形の問題はピタゴラス数の問題に帰着できるわけですが，3辺が整数という条件をゆるめるとまた興味深い世界が展開します。

直角をはさむ2辺の長さがともに整数である直角三角形を考えます。ここでは斜辺の長さは整数でなくても構いません。

■■■■■■■■■■■■■■■■■■■■■■■■■■■■■■■■■■

直角をはさむ2辺の長さがともに整数の直角三角形を「整直角三角形」と呼ぶことにする。二等辺三角形でない2つの整直角三角形を T_1, T_2 とし，それぞれの斜辺の

長さを ℓ_1, ℓ_2 とする。このとき，これらの積 $\ell_1 \ell_2$ を斜辺の長さにもつ整直角三角形が存在することを示せ。

(2004　千葉大学)

━━━━━━━━━━━━━━━━━━━━━━━━━━━━━━

意味がつかみにくいかと思いますので，解答をする前に例をあげましょう。

T_1 を $(1, 2, \sqrt{5})$ の直角三角形，T_2 を $(2, 3, \sqrt{13})$ の直角三角形とすると，T_1, T_2 は整直角三角形で，$\ell_1 = \sqrt{5}$，$\ell_2 = \sqrt{13}$ で，$\ell_1 \ell_2 = \sqrt{65}$ となります。このとき，$(\ell_1 \ell_2)^2 = 65 = 4^2 + 7^2$ となるので，斜辺の長さが $\ell_1 \ell_2$ の整直角三角形は存在します。

しかし，斜辺の長さが $\sqrt{7}$ の整直角三角形は存在しません。それは，7 が 4 で割って 3 余る素数なので，$7 = a^2 + b^2$ を満たす自然数は存在しないからです。このように書くと，この問題が 3・3 節で述べたフェルマーの平方和定理に関係していることに気づいてもらえるでしょう。

一般に，(a_1, b_1), (a_2, b_2) を 2 つの整直角三角形の直角をはさむ 2 辺の長さ，斜辺の長さをそれぞれ ℓ_1, ℓ_2 とするとき，$\ell_1^2 = n_1$, $\ell_2^2 = n_2$ とおくと，n_1, n_2 は自然数です。このとき，$n_1 = a_1^2 + b_1^2$, $n_2 = a_2^2 + b_2^2$ に対して $n_1 n_2 = a_3^2 + b_3^2$ となる自然数 a_3, b_3 が存在することを示せというのがこの問題の本質です。

証明の中心的なところは，3・3 節の鹿児島大学の問題（78 ページ）で証明した恒等式

$$(a^2 + b^2)(c^2 + d^2) = (ac + bd)^2 + (ad - bc)^2$$

……①

です。

T_1, T_2 の直角をはさむ 2 辺の長さをそれぞれ, (a_1, b_1), (a_2, b_2), 斜辺の長さをそれぞれ ℓ_1, ℓ_2 とします。このとき, $\ell_1{}^2$, $\ell_2{}^2$ は自然数です。$a_1{}^2 + b_1{}^2 = \ell_1{}^2$, $a_2{}^2 + b_2{}^2 = \ell_2{}^2$ だから,
$$(\ell_1\ell_2)^2 = (a_1{}^2 + b_1{}^2)(a_2{}^2 + b_2{}^2)$$
　ここで, 上の恒等式①を使って,
$$(\ell_1\ell_2)^2 = (a_1a_2 + b_1b_2)^2 + (a_1b_2 - b_1a_2)^2$$
となります。$a_1b_2 - b_1a_2 \neq 0$ のときは, この式は $\ell_1\ell_2$ を斜辺とする整直角三角形の存在を示しています。

　$a_1b_2 - b_1a_2 = 0$ のときは, 和の順序をかえて,
$$(\ell_1\ell_2)^2 = (a_1{}^2 + b_1{}^2)(b_2{}^2 + a_2{}^2)$$
として, 恒等式①を使うと,
$$(\ell_1\ell_2)^2 = (a_1b_2 + b_1a_2)^2 + (a_1a_2 - b_1b_2)^2$$
となり, $a_1a_2 - b_1b_2 \neq 0$ のときは, 整直角三角形の存在がいえます。$a_1b_2 - b_1a_2 = 0$ かつ $a_1a_2 - b_1b_2 = 0$ のときは, $a_1b_2 = b_1a_2$, $a_1a_2 = b_1b_2$ を辺々割って計算をすると, $a_1 = b_1$, $a_2 = b_2$ となり T_1, T_2 は相似な二等辺三角形になりますが, T_1, T_2 が二等辺三角形でないのでこの場合は起こりません。これで千葉大学の問題を終わります。

　最後に, 入試問題では扱っていませんが, 興味深い問題を一つ紹介します。

　今度は 3 辺の長さが整数ではなくすべて有理数で, 面積が整数である直角三角形を考えます。

　では, 面積が 1 で 3 辺の長さが有理数である直角三角形はあるでしょうか。ちょっと考えて探してみてください。直角をはさむ 2 辺の長さを有理数 a, b, 斜辺の長さを有理数 c とすると, $ab = 2$, $a^2 + b^2 = c^2$ を満たす有理数 a, b,

第 3 章　ピタゴラスの定理から眺める世界

c を探すことになります。

簡単そうで，探そうとすると，$ab = 2$ を満たす有理数はいくらでもありますが，さらに $\sqrt{a^2 + b^2}$ が有理数であるという条件で暗礁に乗り上げてしまいます。実は，面積が 1 で，3 辺の長さが有理数の直角三角形は存在しないことをフェルマーが示しています。証明は高校生の知識でできますが，そんなに簡単ではないので省略します。

3 辺の長さが有理数である直角三角形の面積になるような整数を**合同数**といいます。フェルマーは 1 が合同数でないことを示したわけです。

6 は合同数になります。6 は 3 辺の長さが 3，4，5 の直角三角形の面積になります。30 は 5，12，13 の直角三角形の面積になるので，合同数です。5 も合同数です。ちょっと難しいですが，3 辺の長さが $\dfrac{3}{2}$，$\dfrac{20}{3}$，$\dfrac{41}{6}$ の直角三角形の面積になります。157 も合同数ですが，実は，これはとんでもない直角三角形の面積になります。この三角形の 3 辺の長さは，何と次のようになります。

まず，直角をはさむ 2 辺の長さは，

$$\dfrac{411340519227716149383203}{21666555693714761309610}$$

$$\dfrac{6803298487826435051217540}{411340519227716149383203}$$

斜辺の長さは，

$$\dfrac{224403517704336969924557513090674863160948472041}{8912332268928859588025535178967163570016480830}$$

です。これが 157 を面積とする 3 辺の長さが有理数になる一

97

番簡単な直角三角形です。そして面積が自然数 n で3辺の長さが有理数の直角三角形が，一つでもあれば無数にあることがわかっています。

　では，どのような自然数 n が合同数になり得るのでしょうか。

　実は，この問題は，楕円曲線と呼ばれる $y^2 = x^3 - n^2 x$ という曲線の有理点の問題に帰着されます。ここでも曲線上の有理点が整数の問題に本質的に関わってきます。次の事実がわかっています。

「3辺の長さが有理数で面積が自然数 n の直角三角形が存在することと，楕円曲線 $y^2 = x^3 - n^2 x$ に $y \neq 0$ の有理点が存在することとは同値である」

　しかし，楕円曲線の有理点の問題自体が大きな問題で，どのような n が合同数になるかは未解決の問題です。

　楕円曲線上の有理点の問題は，現代数論の中心的な問題の一つです。

第4章

黄金比とフィボナッチ数列

方程式 $x^2-x-1=0$ に潜む数の世界

この章では，$x^2 - x - 1 = 0$ という 2 次方程式が主題です。この方程式は一見，何の特徴もなく，数多くある 2 次方程式の一つに過ぎないように思えます。確かに，代数的に見れば，解が無理数である 2 次方程式の一つに過ぎません。

しかし，数論の立場から見ると，この方程式はとても深い数学を秘めているのです。数論は個性に注目します。2 次方程式 $x^2 - x - 1 = 0$ とその解がもっている個性に目を向けてみましょう。

4・1 黄金比

黄金分割あるいは**黄金比**ということばを耳にしたことがあると思います。この節ではこの黄金比について述べます。

まず，黄金比とは何か。古代ギリシャの数学者ユークリッドはその著書『原論』の中で，「外中比」ということばで黄金比を述べています。

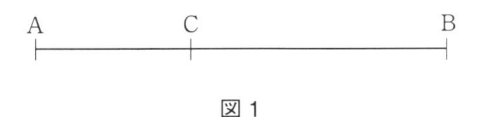

```
A           C                  B
├───────────┼──────────────────┤
```

図 1

線分 AB 上に点 C を AC : CB = CB : AB となるようにとります。線分をこのような比に分割することを黄金分割といいます。では具体的に，黄金分割とは線分をどのような数の比に分けることをいうのでしょうか。

いま AC = 1，CB = x とおくと，上の比は，
$1 : x = x : (1 + x)$ となります。そして，これより冒頭に述べた $x^2 - x - 1 = 0$ という 2 次方程式が得られます。これ

を解くと,$x = \dfrac{1 \pm \sqrt{5}}{2}$ となり,正の解は $x = \dfrac{1 + \sqrt{5}}{2}$ です。つまり,黄金分割とは線分を $1 : \dfrac{1 + \sqrt{5}}{2}$ の比に内分することをいいます。そして,この比のことを黄金比と呼びますが,無理数 $\dfrac{1 + \sqrt{5}}{2}$ のことを単に黄金比と呼んでいることも多く,本書でもこのように呼びます。また黄金数と呼ばれることもあります。黄金比 $\dfrac{1 + \sqrt{5}}{2}$ はたえず出てくるので,簡単のためにギリシャ文字で τ(タウ)と書きます。つまり $\tau = \dfrac{1 + \sqrt{5}}{2} = 1.618\cdots$ です。

黄金比は西洋では最も美しい比と考えられ,美術や建築で多く使われています。例えば,古代ギリシャのパルテノン神殿,ミロのビーナス,あるいはレオナルド・ダ・ビンチの絵画など黄金比を使った作品が数多くあります。

しかし,美術作品の中よりも,実は数学そのものの中に黄金比が美しく内蔵されているのです。例えば,正五角形の中に黄金比が秘められています。次の問題を見てください。

円に内接する1辺の長さが1の正五角形 ABCDE がある。点 F,G,H,I,J は対角線の交点である。
(1) $\triangle$ABE と $\triangle$IBA が相似であることを示せ。また,EA = EI を示せ。
(2) BE,BI の長さを求めよ。

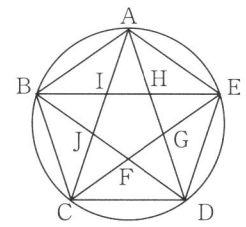

(3) 省略

(2010　北里大学)

━━━━━━━━━━━━━━━━━━━━━━━━━━━━━

この問題を解けばわかりますが，BI：IE = IE：BE = 1：τ となって，黄金比が現れます。

(1)ですが，まず5つの弧 AB，BC，CD，DE，EA の長さは等しいので，これらの弧に対する中心角と円周角はそれぞれすべて等しくなります。そして，中心角が 360°÷5 = 72°，円周角は 36° です。

△ABE と △IBA において，

$\quad\quad$ ∠ABE = ∠IBA　（共通）

また円周角の定理より，

$\quad\quad$ ∠AEB = ∠IAB = 36°

となります。したがって2角が等しいので，

$\quad\quad$ △ABE ∽ △IBA

がいえます（∽ は相似であることを表す記号です）。

次に EA = EI を示すために，△EAI が二等辺三角形であることをいいます。

$\quad\quad$ ∠EAI = ∠CAD + ∠DAE = 36° + 36° = 72°
$\quad\quad$ ∠EIA = 180° − (∠AEI + ∠EAI)
$\quad\quad\quad\quad$ = 180° − (36° + 72°) = 72°

となって2角が等しいので，△EAI は二等辺三角形になります。これより，EA = EI がいえました。

次に(2)を考えます。BI = x とおくと，△ABE ∽ △IBA であることから，BE：BA = AB：IB が成り立ちます。この式と IE = AE = 1 であることより，$(1 + x)：1 = 1：x$ となり，$x^2 + x − 1 = 0$ が得られます。

これを解くと，$\mathrm{BI} = x = \dfrac{-1 + \sqrt{5}}{2}$，これより
$\mathrm{BE} = 1 + x = \dfrac{1 + \sqrt{5}}{2}$ となります．これで，北里大学の問題が解けました．

この計算から
  $\mathrm{IE} : \mathrm{BE} = 1 : \tau$
  $\mathrm{BI} : \mathrm{IE} = \dfrac{-1 + \sqrt{5}}{2} : 1 = 1 : \dfrac{2}{-1 + \sqrt{5}} = 1 : \tau$

となり，正五角形の1辺の長さと対角線の長さの比が黄金比であり，また対角線がお互いを黄金分割していることもわかります．

黄金比が整数でも整数の比でもない，つまり無理数であることが紀元前5世紀頃にヒッパソスによって発見されたとき，ピタゴラスの弟子たちは，このとんでもない発見に驚き，畏怖のあまり，100頭の牛をいけにえにしたという伝説があります．その真偽はともかく，1辺の長さが1の正方形の対角線の長さが無理数 $\sqrt{2}$ になるという事実も含めて，ピタゴラス学派には整数の比で表すことのできない数の存在は信じられなかったようです．これらの数は神が誤って作った数であり，公にすると神を冒瀆することになると考えていたのでしょう．

北里大学の問題の図を見てもらえば，正五角形の中に二等辺三角形 ACD があります．この二等辺三角形において CD：AC は辺の長さと対角線の長さの比なので $1 : \tau$ となり，黄金比になっています．このような二等辺三角形は**黄金三角形**と呼ばれています．

さらに，△ACD ∽ △CDG となることも容易にわかり，黄金三角形 ACD の中にまた黄金三角形 CDG があります。そしてさらに，△CDG の中に黄金三角形 DGF が存在しているのです。そしてまた五角形 FGHIJ も正五角形なので，この中にも黄金比が存在しているというように，正五角形の中には黄金比がいたるところに存在しています。

黄金三角形と並んで**黄金長方形**と呼ばれる長方形があります。次の問題を見てください。

図のように辺の長さが 1 と x の長方形から正方形を切り落としたところ，残った長方形はもとの長方形と相似になった。ただし，$x > 1$ とする。x を求めよ。

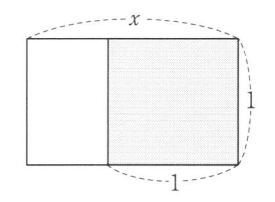

(1994 立教大学 一部)

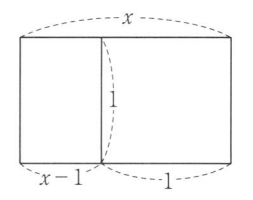

図 2

図2のように2つの長方形が相似であることより，辺の比を考えて，$1 : x = (x-1) : 1$ となります。これより，$x^2 - x - 1 = 0$ となり，これを解いて，$x = \dfrac{1+\sqrt{5}}{2}$ とな

ります。これで立教大学の問題が解けました。

この立教大学の問題は長方形から正方形を切り落としたとき、残りの長方形がもとの長方形と相似になるためには辺の比が $1:\tau$ でなければならないことをいっています。このような辺の比をもつ長方形を黄金長方形と呼びます。つまり、黄金長方形から正方形を切り取ると黄金長方形が残ることになります。

話はそれますが、長方形を半分に切ったとき、あるいは半分に折ったとき、相似な長方形ができるためには、2辺の比がいくらでなければならないかという問題も、同じように方程式を使うと簡単に求まります。私たちがふだん使っているA4とかB5とかいった紙はすべてこの長方形です。半分にしたときに相似な長方形になるので大変機能的であるわけです。このような性質をもつための辺の長さの比を計算してみましょう。

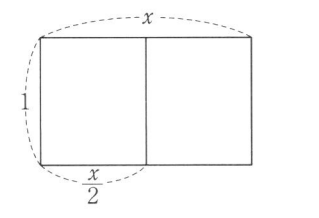

図3

辺の比を $1:x\ (x>1)$ とします。半分に折ると長方形の辺の長さの比は $\dfrac{x}{2}:1$ となります。これらの長方形が相似であることから、$1:x=\dfrac{x}{2}:1$ が成り立ち、これより $x^2=2$ すなわち $x=\sqrt{2}$ となり、辺の比が $1:\sqrt{2}$ であることがわ

かります。

1 : $\sqrt{2}$ はほぼ 1 : 1.4, 1 : τ はほぼ 1 : 1.6 で, 黄金長方形の方が少し細長いのですが, どちらも見た目の比率が美しく感じられる長方形です。1 : $\sqrt{2}$ の比は法隆寺など古代から日本の建築に多く見られ, **白銀比**とも呼ばれています。

4・2　フィボナッチ数列

この節では,

1, 1, 2, 3, 5, 8, 13, 21, 34, 55, 89, 144, 233, 377, 610, 987, …

という数列を考えます。この数列は最初の 2 つの項が 1 で, 後の項は前の 2 つの項を加えてできています。

この数列を $\{a_n\}$ とすると,

$$a_1 = 1, \ a_2 = 1, \ a_{n+2} = a_{n+1} + a_n$$

という関係が成り立っています。簡単な規則でできている数列ですが, 想像できないほどの豊かな性質をもっています。以下に見るように, この一見簡単に見える数列が驚くような性質をもっているのは本当に不思議です。

この数列を**フィボナッチ数列**といい, この数列に現れる数を**フィボナッチ数**といいます。この数列は黄金分割と深い関係がありますが, それは次第に明らかになってきます。

フィボナッチ (1174 ? -1250 ?) という名前はピサのレオナルドという数学者のニックネームです。彼は『算盤の書』という書物を著し, その中でうさぎの繁殖に関する問題でこの数列を考えています。この数列は彼の時代には何ら特別なものとは思われていませんでしたが, その後次第に数学者の

第4章　黄金比とフィボナッチ数列

興味をひくようになってきました。

　この数列をフィボナッチ数列と名づけたのは、リュカです。彼はこの数列の基本的な性質を多く見出し、またフィボナッチ数列と類似の数列であるリュカ数列を考えています（113ページ）。

　高校の数列の単元で、等差数列、等比数列が出てきて、まず一般項がどのような式になるかを考えます。フィボナッチ数列の一般項はどのような式になるでしょうか。

　この一般項は、数列を見ただけで予想をするのは難しいでしょう。次の問題を見てください。

　数列 $\{a_n\}$ が $a_1 = 1$, $a_2 = 1$, $a_{n+2} = a_{n+1} + a_n$
（$n \geq 1$）で定義されている。
（1）a_{10}, a_{16} を求めよ。
（2）$a_{n+2} - pa_{n+1} = q(a_{n+1} - pa_n)$ を満たす実数 p, q を求めよ。
（3）一般項 a_n を求めよ。
（4）初項から第 n 項までの和 S_n を求めよ。

（1994　関西医科大学）

（1）は、
$$a_{n+2} = a_{n+1} + a_n \quad \cdots\cdots ①$$
を用いて順次求めていきます。この節の最初にも第16項までをあげています。ここですべてを書くことは繰り返しませんが、$a_{10} = 55$、$a_{16} = 987$ になります。

　次に（2）ですが、
$$a_{n+2} - pa_{n+1} = q(a_{n+1} - pa_n) \quad \cdots\cdots ②$$

を展開して整理すると，
$$a_{n+2} = (p+q)a_{n+1} - pq a_n$$
となります。①と係数を比較すると，
$$p+q=1, \quad pq=-1$$
となり，2次方程式の解と係数の関係より p，q は $x^2 - x - 1 = 0$ の解になります。ここでまた，本章の冒頭に述べた2次方程式と出合います。この方程式の解 $\dfrac{1+\sqrt{5}}{2}$ が黄金比 τ だったので，フィボナッチ数列と黄金比の間には深い関係があることが感じられます。この方程式の解 $x = \dfrac{1 \pm \sqrt{5}}{2}$ より，$(p, q) = \left(\dfrac{1+\sqrt{5}}{2}, \dfrac{1-\sqrt{5}}{2}\right)$, $\left(\dfrac{1-\sqrt{5}}{2}, \dfrac{1+\sqrt{5}}{2}\right)$ となります。

（3）を考えましょう。②は数列 $\{a_{n+1} - pa_n\}$ が，初項 $a_2 - pa_1$，公比 q の等比数列であることを意味しています。したがって，等比数列の一般項の公式より，
$$a_{n+1} - pa_n = (a_2 - pa_1)q^{n-1} = (1-p)q^{n-1} \quad \cdots\cdots ③$$
となります。

$p = \dfrac{1+\sqrt{5}}{2}$, $q = \dfrac{1-\sqrt{5}}{2}$ のとき，③より，
$$a_{n+1} - \dfrac{1+\sqrt{5}}{2}a_n = \left(1 - \dfrac{1+\sqrt{5}}{2}\right)\left(\dfrac{1-\sqrt{5}}{2}\right)^{n-1}$$
$$= \left(\dfrac{1-\sqrt{5}}{2}\right)^n \quad \cdots\cdots ④$$
となり，$p = \dfrac{1-\sqrt{5}}{2}$, $q = \dfrac{1+\sqrt{5}}{2}$ のとき，③より，

$$a_{n+1} - \frac{1-\sqrt{5}}{2}a_n = \left(1 - \frac{1-\sqrt{5}}{2}\right)\left(\frac{1+\sqrt{5}}{2}\right)^{n-1}$$
$$= \left(\frac{1+\sqrt{5}}{2}\right)^n \quad \cdots\cdots ⑤$$

となります。⑤ $-$ ④ を計算すると，

$$\left(\frac{1+\sqrt{5}}{2} - \frac{1-\sqrt{5}}{2}\right)a_n$$
$$= \left(\frac{1+\sqrt{5}}{2}\right)^n - \left(\frac{1-\sqrt{5}}{2}\right)^n$$

$$\sqrt{5}\,a_n = \left(\frac{1+\sqrt{5}}{2}\right)^n - \left(\frac{1-\sqrt{5}}{2}\right)^n$$

したがって，$a_n = \dfrac{1}{\sqrt{5}}\left\{\left(\dfrac{1+\sqrt{5}}{2}\right)^n - \left(\dfrac{1-\sqrt{5}}{2}\right)^n\right\}$

となって一般項が得られました。1，1，2，3，5，… という自然数からなる数列の一般項が，このような複雑な形をしていることに驚きます。

問題(4)は後ほど 4・6 節で取り上げます。

一般項に現れている無理数 $\dfrac{1+\sqrt{5}}{2}$ は黄金比 τ で，$\dfrac{1-\sqrt{5}}{2} = -\dfrac{1}{\tau}$ です。

4・3 フィボナッチ数列の極限

この節ではフィボナッチ数列の隣り合う項の比の値 $\dfrac{a_{n+1}}{a_n}$ を調べてみましょう。ここにも意外な結果があります。

$1/1 = 1$
$2/1 = 2$
$3/2 = 1.5$
$5/3 = 1.666\cdots$
$8/5 = 1.6$
$13/8 = 1.625$
$21/13 = 1.615\cdots$
$34/21 = 1.619\cdots$
$55/34 = 1.6176\cdots$

この比の値の計算を続けていくと $\dfrac{a_{n+1}}{a_n}$ の値はどのようになっていくのでしょうか。次の問題を見てください。

$a_1 = 1$, $a_2 = 1$, $a_{n+2} = a_{n+1} + a_n$ ($n = 1, 2, 3, \cdots$) である数列 $\{a_n\}$ について,次の問に答えよ。
(1) a_n を n の式で表せ。
(2) $\displaystyle\lim_{n \to \infty} \dfrac{a_n}{a_{n+1}}$ を求めよ。

(1986 香川医科大学)

---

(1)は4・2節の関西医科大学の問題(3)(107ページ)で

すでに求めたように，
$$a_n = \frac{1}{\sqrt{5}}\left\{\left(\frac{1+\sqrt{5}}{2}\right)^n - \left(\frac{1-\sqrt{5}}{2}\right)^n\right\}$$
でした。

（2）の極限を求めましょう。$\alpha = \dfrac{1+\sqrt{5}}{2}$，$\beta = \dfrac{1-\sqrt{5}}{2}$ とおくと，$a_n = \dfrac{1}{\sqrt{5}}(\alpha^n - \beta^n)$ です。

ここで，$\dfrac{a_n}{a_{n+1}} = \dfrac{\alpha^n - \beta^n}{\alpha^{n+1} - \beta^{n+1}} = \dfrac{1 - \left(\dfrac{\beta}{\alpha}\right)^n}{\alpha - \beta\left(\dfrac{\beta}{\alpha}\right)^n}$，そして $\left|\dfrac{\beta}{\alpha}\right| = \left|\dfrac{1-\sqrt{5}}{1+\sqrt{5}}\right| < 1$ なので，$\left(\dfrac{\beta}{\alpha}\right)^n$ は $n \to \infty$ のとき 0 に収束します。

したがって，$\displaystyle\lim_{n \to \infty}\dfrac{a_n}{a_{n+1}} = \dfrac{1}{\alpha} = \dfrac{\sqrt{5}-1}{2}$ となります。

これで香川医科大学の問題が解けたわけですが，見てほしいのは $\displaystyle\lim_{n \to \infty}\dfrac{a_n}{a_{n+1}} = \dfrac{1}{\alpha} = \dfrac{1}{\tau}$，つまり $\dfrac{a_{n+1}}{a_n}$ の極限が黄金比 τ になっていることです。ここにもフィボナッチ数列と黄金比との結びつきが現れています。

フィボナッチ数の性質について少し補足しておきましょう。数論の世界では，やはり素数に関心があります。4・2 節の冒頭にあげた 16 個のフィボナッチ数の中で素数は 2，3，5，13，89，233 の 6 個です。フィボナッチ数列の中に素数は無数にあるかという問題が考えられますが，これは未解決です。

では，フィボナッチ数列の中にある平方数はどうでしょうか。最初の 16 個のフィボナッチ数では平方数は 1 と 144 の 2 個だけですが，実は平方数はこの 2 個だけしかないことが証明されています。

　そしてフィボナッチ数列は自然界に現れます。以下のような例が多くの書物に書かれています。ひまわりの花びらの枚数は 13，21，34，55 とフィボナッチ数が多く見られます。桜は 5 枚，コスモスは 8 枚，マーガレットは 21 枚など，花びらの枚数がフィボナッチ数になっています。また，ひまわりの種は中心から放射状に右巻きと左巻きの渦巻き状になっていて，この渦巻きの本数が 34：55 などの比になっています。また松かさの鱗片に 5：8，パイナップルに 8：13 の比が見られます。

　さらに植物の葉は日光によくあたることができるように，回転しながら葉がついています。例えばネコヤナギは茎のまわりを 5 周する間に 13 枚の葉がついています。茎のまわりを a 周する間に b 枚の葉がついているとき，$a：b$ の比がフィボナッチ数列の 2 つの項の比になっているのです。

　このようにフィボナッチ数列にしたがって葉がつくと葉の重なりが少なくなることがわかっていて，これは黄金比の無理数としての性質に関係しています。そしてフィボナッチ数列の項の比は黄金比に近いので，植物は非常に合理的に葉をつけているといえます。

4・4 リュカ数列

フィボナッチ数列は，

$$a_1 = 1, \ a_2 = 1, \ a_{n+2} = a_{n+1} + a_n$$

で定義されましたが，この数列の第2項を3にして，同じ漸化式で得られる数列を考えます。具体的に書くと，

$$1, \ 3, \ 4, \ 7, \ 11, \ 18, \ 29, \ 47, \ 76, \ 123,$$
$$199, \ \cdots$$

となります。$a_1 = 1$，$a_2 = 3$，$a_{n+2} = a_{n+1} + a_n$ を満たしているこの数列を**リュカ数列**といいます。フィボナッチ数列とほんのわずかの違いなので，同じような性質をもっていると考えられます。実際その通りです。では，わざわざこのような数列を考える意義はあるのかということですが，リュカ数列はフィボナッチ数列とは違った側面ももっています。

まず，フィボナッチ数列と同様の性質が成り立つことを見てみましょう。次の問題を見てください。

2次方程式 $x^2 - x - 1 = 0$ の相異なる解を α，β とし，$a_n = \alpha^n + \beta^n$ ($n = 1, \ 2, \ 3, \ \cdots$) と定義する。次の問いに答えよ。

(1) a_1，a_2，a_3，a_4 を求めよ。

(2) $n \geqq 3$ のとき，a_n を a_{n-1} と a_{n-2} を用いて表せ。

(2003 愛知教育大学)

---

(1)は，2次方程式の解と係数の関係から，

$$\alpha + \beta = 1, \ \alpha\beta = -1$$

です。
$$a_1 = \alpha + \beta = 1$$
$$a_2 = \alpha^2 + \beta^2 = (\alpha + \beta)^2 - 2\alpha\beta = 1 + 2 = 3$$
$$a_3 = \alpha^3 + \beta^3 = (\alpha + \beta)^3 - 3\alpha\beta(\alpha + \beta)$$
$$= 1 - 3 \cdot (-1) \cdot 1 = 4$$
$$a_4 = \alpha^4 + \beta^4 = (\alpha^2 + \beta^2)^2 - 2(\alpha\beta)^2$$
$$= 3^2 - 2 \cdot (-1)^2 = 7$$

となります。

（2）は $a_n = \alpha^n + \beta^n$ を使って計算します。
$$a_n = \alpha^n + \beta^n = \alpha^{n-2}\alpha^2 + \beta^{n-2}\beta^2$$

ここで，α，β は2次方程式 $x^2 - x - 1 = 0$ の解だから，
$$\alpha^2 = \alpha + 1, \quad \beta^2 = \beta + 1$$

です。したがって，
$$a_n = \alpha^{n-2}(\alpha + 1) + \beta^{n-2}(\beta + 1)$$
$$= (\alpha^{n-1} + \beta^{n-1}) + (\alpha^{n-2} + \beta^{n-2})$$
$$= a_{n-1} + a_{n-2}$$

となります。以上で愛知教育大学の問題が終わりました。

この問題からわかるように，一般項が $a_n = \alpha^n + \beta^n$ で定義される数列はリュカ数列になります。

では隣り合う項の比の極限はどうでしょう。次の問題を見てください。

2次方程式 $x^2 - x - 1 = 0$ の2実解を α，β $(\alpha < \beta)$ とし，数列 $\{a_n\}$ を $a_n = \alpha^n + \beta^n$ $(n = 1, 2, 3, \cdots)$ で定める。次の問いに答えよ。

（1）〜（3）省略

(4) 極限値 $\lim_{n \to \infty} \dfrac{a_{n+1}}{a_n}$ を求めよ。

(1994　姫路工業大学)

━━━━━━━━━━━━━━━━━━━━━━━━━━━━

(4) は $a_n = \alpha^n + \beta^n$ を使ってフィボナッチ数のときと同様に計算します。この問題では，β の方が黄金比 $\dfrac{1+\sqrt{5}}{2}$ になっていることに注意してください。

$$\frac{a_{n+1}}{a_n} = \frac{\alpha^{n+1}+\beta^{n+1}}{\alpha^n+\beta^n} = \frac{\alpha\left(\dfrac{\alpha}{\beta}\right)^n+\beta}{\left(\dfrac{\alpha}{\beta}\right)^n+1}$$

ここで，$\left|\dfrac{\alpha}{\beta}\right|<1$ より，$n \to \infty$ のとき $\left(\dfrac{\alpha}{\beta}\right)^n \to 0$ となるので，

$$\lim_{n \to \infty} \frac{a_{n+1}}{a_n} = \beta = \frac{1+\sqrt{5}}{2}$$

が得られます。

フィボナッチ数列と同様に，リュカ数列の隣り合う項の比の極限が黄金比 τ になることがわかりました。これで姫路工業大学の問題を終わります。

他の性質を見てみましょう。次の問題を見てください。

━━━━━━━━━━━━━━━━━━━━━━━━━━━━

2次方程式 $x^2-x-1=0$ の解を α，β ($\alpha > \beta$) とし，$L_n = \alpha^n + \beta^n$ ($n=0, 1, 2, \cdots$) によって数列 $\{L_n\}$ を定める。次の問いに答えよ。

(1) L_0，L_1，L_2 を求めよ。

（2）$n = 0, 1, 2, \cdots$ に対して L_n はつねに自然数であることを数学的帰納法により証明せよ。

（3）$n = 2, 3, 4, \cdots$ に対して $L_n = \left[\alpha^n + \dfrac{1}{2}\right]$ が成り立つことを証明せよ。ただし，$[x]$ は x を越えない最大の整数を表すものとする。

(2002　鳴門教育大学)

（1）は $L_0 = 2$，$L_1 = 1$，$L_2 = 3$ です。初項 2 を第 0 項としているので，実質的にリュカ数列と変わりありません。
（2）は数学的帰納法で直接証明する問題ですが，愛知教育大学の問題（2）のように漸化式を導くと，L_n が自然数であることは明らかなので，ここでは省略します。
（3）を解きます。

$$\alpha = \frac{1+\sqrt{5}}{2}, \quad \beta = \frac{1-\sqrt{5}}{2} \text{ より，}$$

$\beta^2 = \dfrac{3-\sqrt{5}}{2}$ で，$0 < 3-\sqrt{5} < 1$ だから，$|\beta|^2 < \dfrac{1}{2}$ となり，$n \geqq 2$ なので，$|\beta^n| = |\beta|^n \leqq |\beta|^2 < \dfrac{1}{2}$ となります。これより $-\dfrac{1}{2} < \beta^n < \dfrac{1}{2}$ となり，$\dfrac{1}{2} < \beta^n + 1 < \dfrac{3}{2}$ がいえます。よって，$\beta^n < \dfrac{1}{2} < \beta^n + 1$ であることから $\alpha^n + \beta^n < \alpha^n + \dfrac{1}{2} < \alpha^n + \beta^n + 1$，つまり，

$L_n < \alpha^n + \dfrac{1}{2} < L_n + 1$ が得られます。したがって，L_n は

$\alpha^n + \dfrac{1}{2}$ を越えない最大の整数なので，$L_n = \left[\alpha^n + \dfrac{1}{2}\right]$ が成り立ちます。この式は $n \geqq 2$ で L_n が α^n に最も近い自然数であることを示しています。これで，鳴門教育大学の問題を終わります。

（3）の性質はフィボナッチ数列ではどうでしょうか。これについても同様の性質が成り立ち，フィボナッチ数列の一般項が $a_n = \dfrac{1}{\sqrt{5}}(\alpha^n - \beta^n)$ であることを使って，

$$a_n = \left[\dfrac{1}{\sqrt{5}}\alpha^n + \dfrac{1}{2}\right]$$

がいえます。証明もほぼ同様にできます。

今まで見てきたように，リュカ数列にはフィボナッチ数列と同様の性質がありますが，異なった面もあります。それは**リュカ・テスト**と呼ばれているメルセンヌ素数の判定法です。2・2節（47ページ）でリュカがメルセンヌ数 $2^{127} - 1$ が素数であることを見出したと書きましたが，この2年後の1878年に以下のようなメルセンヌ数の素数判定法を公表しました。

リュカ数列 $\{L_n\}$ の中で $n = 2^m$ の項を考えます。つまり L_{2^m} というリュカ数を考えます。簡単のために $S_m = L_{2^m}$ とおくと，

$$S_1 = L_2 = 3，S_2 = L_4 = 7，$$
$$S_3 = L_8 = 47，S_4 = L_{16} = 2207$$

となります。そして証明は省略しますが，

$$S_{m+1} = S_m^2 - 2$$

が成り立ちます。リュカ・テストというのは，p が4で割っ

て3余る素数のとき,
① S_1, S_2, S_3, …, S_{p-1} のどれもが $2^p - 1$ で割り切れないならば $2^p - 1$ は合成数といえる
② S_{p-1} が $2^p - 1$ で割り切れるならば $2^p - 1$ は素数といえる
というものです。

リュカが考えたこの方法はさらに改善されていますが,リュカ数列がここで活躍しているのです。

この方法も2・3節(58ページ)で述べたペパンの判定法と同じように素因数分解を行わずに,素数であるかどうかの判定をする方法です。

4・5 相互関係

黄金比,フィボナッチ数列,リュカ数列について見てきましたが,これらの間には次のような関係もあります。

$\alpha = \dfrac{1 + \sqrt{5}}{2}$ とし,$\alpha^n = \dfrac{p_n + q_n\sqrt{5}}{2}$ となるように有理数 p_n, q_n ($n = 1$, 2, 3, …) を定める。($\sqrt{5}$ が無理数であることは認めてよい。)

(1)(i) $p_{n+1} = \dfrac{p_n + 5q_n}{2}$, $q_{n+1} = \dfrac{p_n + q_n}{2}$ ($n = 1$, 2, 3, …) が成り立つことを示せ。

(ii) $p_{n+2} - p_{n+1} = p_n$ ($n = 1$, 2, 3, …) が成り立つことを示せ。

(2)省略

(2007 埼玉大学)

第 4 章　黄金比とフィボナッチ数列

　この問題では，黄金比 $\dfrac{1+\sqrt{5}}{2}$ の 2 乗，3 乗，$\cdots$，n 乗を計算したときに現れる 2 つの数列 $\{p_n\}$ と $\{q_n\}$ を考えています．実際に，この 2 つの数列がどのような数列であるかを計算してみましょう．

　$\alpha = \dfrac{1+\sqrt{5}}{2}$ は $\alpha^2 - \alpha - 1 = 0$ を満たすので，

$$\alpha^2 = \alpha + 1 = \dfrac{3+\sqrt{5}}{2}$$

$$\alpha^3 = \alpha^2 + \alpha = (\alpha+1) + \alpha = 2\alpha + 1 = \dfrac{4+2\sqrt{5}}{2}$$

$$\alpha^4 = 2\alpha^2 + \alpha = 2(\alpha+1) + \alpha = 3\alpha + 2 = \dfrac{7+3\sqrt{5}}{2}$$

$$\alpha^5 = 3\alpha^2 + 2\alpha = 3(\alpha+1) + 2\alpha = 5\alpha + 3 = \dfrac{11+5\sqrt{5}}{2}$$

　α，α^2，$\cdots$，α^5 の形を見ると，数列 $\{p_n\}$ は 1，3，4，7，11，$\cdots$，数列 $\{q_n\}$ は 1，1，2，3，5，$\cdots$ となり，$\{p_n\}$ がリュカ数列，$\{q_n\}$ がフィボナッチ数列になっているようです．実際 (1)(ii) で $\{p_n\}$ がリュカ数列であることを証明します．そして $\{q_n\}$ も確かにフィボナッチ数列になっています．

　この問題を解きます．(1)(i) は，

$$\alpha^{n+1} = \alpha^n \alpha = \dfrac{p_n + q_n\sqrt{5}}{2} \cdot \dfrac{1+\sqrt{5}}{2}$$

$$= \dfrac{p_n + 5q_n + (p_n + q_n)\sqrt{5}}{2 \cdot 2}$$

$$= \frac{\dfrac{p_n + 5q_n}{2} + \dfrac{p_n + q_n}{2}\sqrt{5}}{2}$$

となり，$\alpha^{n+1} = \dfrac{p_{n+1} + q_{n+1}\sqrt{5}}{2}$ であることから，

$$p_{n+1} = \frac{p_n + 5q_n}{2}, \quad q_{n+1} = \frac{p_n + q_n}{2}$$

となり，証明が終わります。

（ii）は（i）で証明した2つの等式から数列 $\{q_n\}$ を消去します。まず，第1式から $q_n = \dfrac{2p_{n+1} - p_n}{5}$，これより1つ後の項の関係は $q_{n+1} = \dfrac{2p_{n+2} - p_{n+1}}{5}$ です。これらを第2式に代入して，

$$\frac{2p_{n+2} - p_{n+1}}{5} = \frac{1}{2}\left(p_n + \frac{2p_{n+1} - p_n}{5}\right)$$

分母を払って整理すると，$p_{n+2} - p_{n+1} = p_n$ となります。これで埼玉大学の問題を終わりますが，$\{p_n\}$ は $p_1 = 1$，$p_2 = 3$，$p_{n+2} = p_{n+1} + p_n$ を満たすのでリュカ数列です。

また，（ii）の証明で次のようにすれば，$\{p_n\}$ と $\{q_n\}$ の漸化式を同時に得ることができます。

$\alpha^{n+2} - \alpha^{n+1} - \alpha^n = (\alpha^2 - \alpha - 1)\alpha^n = 0$ となるので，

$$\frac{p_{n+2} + q_{n+2}\sqrt{5}}{2} - \frac{p_{n+1} + q_{n+1}\sqrt{5}}{2}$$
$$- \frac{p_n + q_n\sqrt{5}}{2} = 0$$

これより，

$$(p_{n+2} - p_{n+1} - p_n) + (q_{n+2} - q_{n+1} - q_n)\sqrt{5} = 0$$
となって，
$$p_{n+2} = p_{n+1} + p_n, \quad q_{n+2} = q_{n+1} + q_n$$
が得られます。

$q_1 = 1$, $q_2 = 1$ なので，$\{q_n\}$ はフィボナッチ数列であることがわかります。

フィボナッチ数列とリュカ数列の不思議な相互関係も存在します。$\{a_n\}$ をフィボナッチ数列，$\{L_n\}$ をリュカ数列とし，これらの項を書き並べると，次のようになります。

$a_n : 1, 1, 2, 3, 5, 8, 13, 21, 34, 55, 89, 144, 233, 377, 610$

$L_n : 1, 3, 4, 7, 11, 18, 29, 47, 76, 123, 199, 322, 521, 843, 1364$

この2つの数列を眺めて，いろいろな性質を見つけることができると思いますが，例えば，フィボナッチ数を1つおいて加えればリュカ数列になっています。正確に書くと，

$$a_1 + a_3 = 1 + 2 = 3 = L_2$$
$$a_2 + a_4 = 1 + 3 = 4 = L_3$$
$$a_3 + a_5 = 2 + 5 = 7 = L_4$$
$$a_4 + a_6 = 3 + 8 = 11 = L_5$$

となって，一般的には $a_{n-1} + a_{n+1} = L_n$ となります。証明は数学的帰納法を使えばできます。

また，n 番目のフィボナッチ数とリュカ数をかけると $2n$ 番目のフィボナッチ数になります。実際，

$$a_1 L_1 = 1 \cdot 1 = 1 = a_2, \quad a_2 L_2 = 1 \cdot 3 = 3 = a_4$$
$$a_3 L_3 = 2 \cdot 4 = 8 = a_6, \quad a_4 L_4 = 3 \cdot 7 = 21 = a_8$$

となっています。一般的に，$a_n L_n = a_{2n}$ が成立します。証明はそれぞれの数列の一般項の式を使えばできます。

ここまで，黄金比が数学や芸術において現れる数であるこ

と，そしてフィボナッチ数列やリュカ数列が黄金比と深い関係にあることを見ました。その根底に2次方程式 $x^2 - x - 1 = 0$ の存在があります。次節からはフィボナッチ数列のさらに驚くべき性質を紹介します。

4・6 フィボナッチ数列の和

　フィボナッチ数列やリュカ数列の一般項や隣り合う項の比の極限などの性質は，数列を眺めているだけでは気づきにくい性質ですが，これから紹介していく性質には，フィボナッチ数列をじっくりと眺めると気づくことのできるものがあります。フィボナッチ数列がいかに興味深い性質をもっているかを知ってもらうとともに，「発見」の楽しさを味わってもらえればと思います。

　フィボナッチ数列の世界では，未だに新しい発見がなされ，"The Fibonacci Quarterly" という専門誌があるほどです。

　数の世界では，一般的な結果の式を見ていてもその面白さはすぐにわかりませんが，自分の手で実際に数を計算してみると，その面白さ，不思議さ，意外さが感じられます。ぜひ読者自身の手を動かして，フィボナッチ数列の世界を楽しんでください。

　最初にフィボナッチ数の和を考えてみましょう。フィボナッチ数列の初項から第 n 項までの和を S_n とします。つまり，

$$S_n = a_1 + a_2 + a_3 + \cdots + a_n$$

です。和を順に書くと，

$S_1 = 1$, $S_2 = 2$, $S_3 = 4$, $S_4 = 7$, $S_5 = 12$,
$S_6 = 20$, $S_7 = 33$, $S_8 = 54$, $S_9 = 88$, $S_{10} = 143$
となります。

では、この 1, 2, 4, 7, 12, 20, 33, 54, 88, 143, … が、どのような法則性をもった数列であるか予想してみてください。フィボナッチ数列と和の数列 $\{S_n\}$ を見比べてみればわかります。

実は、a_1 から a_n までの和 S_n は 2 つ後の項 a_{n+2} から 1 を引いた数になっています。式で書くと、
$$a_1 + a_2 + \cdots + a_n = a_{n+2} - 1$$
です。つまり、フィボナッチ数列の和は 1 つの項を見ればわかるのです。

このことを求めさせているのが、4・2 節の関西医科大学の (4) の問題「フィボナッチ数列の初項から第 n 項までの和 S_n を求めよ」でした (107 ページ)。(3) の結果を使っても証明できますが、ここでは
$$S_n = a_{n+2} - 1 \quad \cdots\cdots ①$$
を数学的帰納法で証明しましょう。

$n = 1$ のとき、$S_1 = 1$, $a_3 - 1 = 2 - 1 = 1$ なので、① は成り立ちます。

$n = k$ のとき、① が成り立つと仮定すると、
$$S_k = a_{k+2} - 1$$
です。このとき、
$$\begin{aligned}S_{k+1} &= S_k + a_{k+1} = a_{k+2} - 1 + a_{k+1} \\ &= a_{k+2} + a_{k+1} - 1 = a_{k+3} - 1\end{aligned}$$
となり、$n = k + 1$ のときも ① は成り立ちます。

したがって、すべての自然数 n に対して、$S_n = a_{n+2} - 1$

が成り立つことがいえました。これで関西医科大学の問題（４）が完了しました。

a_1 から a_n までの和は a_{n+2} を見ればわかることを示しましたが，フィボナッチ数列の奇数番目の項の和，偶数番目の項の和も同様に１つの項を見ればわかります。次の関係が成り立ちます。

$$a_1 + a_3 + \cdots + a_{2n-1} = a_{2n}$$
$$a_2 + a_4 + \cdots + a_{2n} = a_{2n+1} - 1$$

証明は，やはり数学的帰納法でできるので考えてみてください。

次にフィボナッチ数列の各項の平方の和を考えてみましょう。

$$a_1{}^2 = 1$$
$$a_1{}^2 + a_2{}^2 = 2$$
$$a_1{}^2 + a_2{}^2 + a_3{}^2 = 6$$
$$a_1{}^2 + a_2{}^2 + a_3{}^2 + a_4{}^2 = 15$$
$$a_1{}^2 + a_2{}^2 + a_3{}^2 + a_4{}^2 + a_5{}^2 = 40$$

となります。では，１，２，６，15，40 の数を眺めて，これらがどのような法則にしたがっているか，フィボナッチ数列と見比べながら予想してみてください。法則性が見えてこなければ，

$1 = 1 \cdot 1$, $2 = 1 \cdot 2$, $6 = 2 \cdot 3$, $15 = 3 \cdot 5$, $40 = 5 \cdot 8$

と書けばもう予想は可能でしょうか。答えは次の問題の通りです。

■■■■■■■■■■■■■■■■■■■■■■■■■■■■■■■■■■■■■■

漸化式 $\begin{cases} a_{n+1} = a_n + a_{n-1} & (n = 2, 3, 4, \cdots) \\ a_1 = 1, \ a_2 = 1 \end{cases}$

で定義される数列を $\{a_n\}$ とする。このとき次の問いに答えなさい。

（1）省略

（2）自然数 $n(n \geqq 2)$ に対して $a_1{}^2 + a_2{}^2 + \cdots\cdots + a_n{}^2 = a_n a_{n+1}$ が成り立つことを数学的帰納法を用いて示しなさい。

（2007　福島大学）

（2）を証明します。まず $n = 2$ のとき，
$$左辺 = a_1{}^2 + a_2{}^2 = 1 + 1 = 2$$
$$右辺 = a_2 a_3 = 1 \cdot 2 = 2$$
となって $n = 2$ のとき成り立ちます。

次に $n = k$ のとき，成り立つと仮定すると，
$$a_1{}^2 + a_2{}^2 + \cdots\cdots + a_k{}^2 = a_k a_{k+1}$$
これより，
$$\begin{aligned} a_1{}^2 + a_2{}^2 + \cdots\cdots + a_k{}^2 + a_{k+1}{}^2 &= a_k a_{k+1} + a_{k+1}{}^2 \\ &= a_{k+1}(a_k + a_{k+1}) \\ &= a_{k+1} a_{k+2} \end{aligned}$$
となり，$n = k + 1$ のときにも成り立ちます。

したがって，$n \geqq 2$ のすべての自然数 n に対して成り立つことがいえました。問題の指定で $n \geqq 2$ としていますが，$n = 1$ のときも成り立ちます。これで福島大学の問題を終わります。

この等式が成り立つことを図形的に示した問題が次の問題です。直感的にこの等式が理解できます。

数列 $\{a_n\}$ は $a_1 = 1$, $a_2 = 1$, $a_k = a_{k-2} + a_{k-1}(k \geqq 3)$ を満たすものとする。また図形 ABCD は $a_1{}^2 + a_2{}^2 + a_3{}^2$ の面積をもつ長方形である。

(1) この長方形に順次正方形を加えていくことにより，$\sum_{k=1}^{6} a_k{}^2$ の面積をもつ長方形を作図せよ。

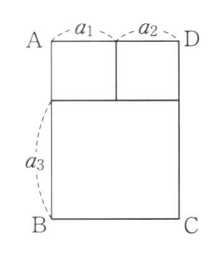

(2) $\sum_{k=1}^{6} a_k{}^2 = a_\alpha a_\beta$ となるような，α, β は何か。また $\sum_{k=1}^{n} a_k{}^2 = a_\alpha a_\beta$ となるような α, β を与え，この等式が成立することを数学的帰納法により証明せよ。

(1985 三重大学)

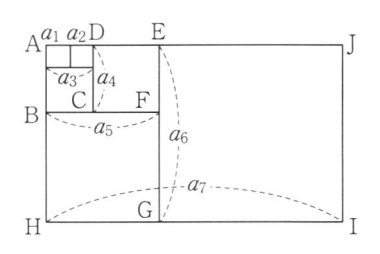

図4

まず(1)です。図4にあるように，$CD = a_2 + a_3 = a_4$ なので，長方形 ABCD の右側に1辺の長さが a_4 の正方形 DCFE を作図します。次に，$BF = a_3 + a_4 = a_5$ なので，長方形 ABFE の下に1辺の長さが a_5 の正方形 BHGF を作図します。そしてさらに，長方形 AHGE の右側に，EG =

126

第4章　黄金比とフィボナッチ数列

$a_4 + a_5 = a_6$ を 1 辺とする正方形 EGIJ を作図します。図からわかるように，長方形 AHIJ の面積は，

$$\sum_{k=1}^{6} a_k{}^2 = a_1{}^2 + a_2{}^2 + a_3{}^2 + a_4{}^2 + a_5{}^2 + a_6{}^2$$

となります。

次に (2) です。長方形 ABCD の面積は $a_1{}^2 + a_2{}^2 + a_3{}^2$ ですが，一方，AD $= a_3$，AB $= a_4$ なので面積は $a_3 a_4$ となり，

$$a_1{}^2 + a_2{}^2 + a_3{}^2 = a_3 a_4$$

となっています。また，長方形 AHGE の面積は，$a_1{}^2 + a_2{}^2 + a_3{}^2 + a_4{}^2 + a_5{}^2$ ですが，一方，AE $= a_5$，AH $= a_6$ なので面積は $a_5 a_6$ となり，

$$a_1{}^2 + a_2{}^2 + a_3{}^2 + a_4{}^2 + a_5{}^2 = a_5 a_6$$

が成り立ちます。同様に長方形 AHIJ の面積は，

$$a_1{}^2 + a_2{}^2 + a_3{}^2 + a_4{}^2 + a_5{}^2 + a_6{}^2 = a_6 a_7$$

となり，一般に $\sum_{k=1}^{n} a_k{}^2 = a_n a_{n+1}$ となることが推測されます。これを数学的帰納法で証明することは，福島大学の問題 (2)（125 ページ）で示したとおりです。これで三重大学の問題を終わります。

フィボナッチ数の平方が出てきたところで，次の性質を見てみましょう。

フィボナッチ数列の任意の項を 1 つ選び，その項の前後の項の積と選んだ項の平方との差を計算します。つまり，a_n を選んだ項とすると，$a_{n-1} a_{n+1} - a_n{}^2$ を計算します。

これはやってみればすぐに法則性がわかります。例えば
$a_4 = 3$ を選ぶと，$a_3 a_5 - a_4{}^2 = 2 \cdot 5 - 3^2 = 10 - 9 = 1$，

$a_7 = 13$ を選ぶと,
$a_6 a_8 - a_7{}^2 = 8 \cdot 21 - 13^2 = 168 - 169 = -1$,
$a_{10} = 55$ を選ぶと,
$a_9 a_{11} - a_{10}{}^2 = 34 \cdot 89 - 55^2 = 3026 - 3025 = 1$,
$a_{13} = 233$ を選ぶと,
$a_{12} a_{14} - a_{13}{}^2 = 144 \cdot 377 - 233^2 = 54288 - 54289 = -1$
となって,どうやら 1 と -1 が交互に現れるようです。もう少し詳しく見ると,選んだ数が偶数番目の数のときはプラス,奇数番目の数のときはマイナスになっているようです。つまり,選んだ数を a_n とすると,
$$a_{n-1} a_{n+1} - a_n{}^2 = (-1)^n$$
という関係式が予想できます。フィボナッチ数はどんどん大きくなっていきますが,$a_{n-1} a_{n+1} - a_n{}^2$ は ± 1 の値を取り続けるのです。これに関して次の問題を見てください。

$a_1 = 1$,$a_2 = 1$,$a_{n+2} = a_n + a_{n+1}$ ($n \geqq 1$) で定まる数列を $\{a_n\}$ とする。次に,新しい数列 $\{b_n\}$ を
$$b_n = a_n a_{n+2} - a_{n+1}{}^2 \quad (n \geqq 1)$$
によって定める。このとき,正の整数 n に対して次の等式が成り立つことを示せ。
(1) $b_n + b_{n+1} = 0$
(2) $a_{2n} a_{2n+2} - a_{2n+1}{}^2 = -1$

(1985 広島大学 一部)

この問題では,n の値を 1 だけ大きくした $a_n a_{n+2} - a_{n+1}{}^2$ を対象にしています。

(1)は定義にしたがって素直に計算すれば証明できます。

第4章 黄金比とフィボナッチ数列

$$b_n + b_{n+1} = a_n a_{n+2} - a_{n+1}^2 + a_{n+1}a_{n+3} - a_{n+2}^2$$
$$= a_{n+2}(a_n - a_{n+2}) + a_{n+1}(a_{n+3} - a_{n+1})$$
$$= a_{n+2}(-a_{n+1}) + a_{n+1}a_{n+2} = 0$$

（2）を解きます。（1）より $b_{n+1} = -b_n$ となるので，数列 $\{b_n\}$ は公比 -1 の等比数列です。初項は $b_1 = 1 \cdot 2 - 1^2 = 1$ です。したがって，$b_n = (-1)^{n-1}$ となります。これより，

$$a_n a_{n+2} - a_{n+1}^2 = (-1)^{n-1} = (-1)^{n+1}$$

となって予想した関係式が得られました。（2）の問題はこの関係式の特別な場合で，

$$a_{2n}a_{2n+2} - a_{2n+1}^2 = (-1)^{2n+1} = -1$$

となります。これで広島大学の問題が終わりました。

広島大学の問題によって，フィボナッチ数列は

$$a_n a_{n+2} - a_{n+1}^2 = (-1)^{n+1}$$

を満たすことがわかりました。では逆に，

$$a_1 = 1, \ a_2 = 1, \ a_n a_{n+2} - a_{n+1}^2 = (-1)^{n+1}$$

を満たす数列はフィボナッチ数列に限られるのでしょうか。

次の問題を見てください。

数列 $\{a_n\}$ は
$$a_1 = 1, \ a_2 = 1, \ a_n a_{n+2} - a_{n+1}^2 = (-1)^{n+1}$$
$$(n = 1, \ 2, \ 3, \ \cdots)$$

により定まる。次の問いに答えよ。

（1）$a_{n+2} = a_{n+1} + a_n \ (n = 1, \ 2, \ 3, \ \cdots)$ が成り立つことを証明せよ。

（2）省略

(2001 横浜国立大学)

この問題で,
$$a_1 = 1,\ a_2 = 1,\ a_n a_{n+2} - a_{n+1}^2 = (-1)^{n+1}$$
が成り立つ数列はフィボナッチ数列であることがわかります。

(1)の証明のアイディアは証明したい式 $a_{n+2} = a_{n+1} + a_n$ が $\dfrac{a_{n+2} - a_n}{a_{n+1}} = 1$ と変形できるので,この形の式を作ろうということです。問題の条件より,
$$a_n a_{n+2} - a_{n+1}^2 = (-1)^{n+1} \quad \cdots\cdots ①$$
$$a_{n-1} a_{n+1} - a_n^2 = (-1)^n = -(-1)^{n+1} \quad \cdots\cdots ②$$
となります。①②を辺々足して,
$$a_n a_{n+2} - a_{n+1}^2 + a_{n-1} a_{n+1} - a_n^2 = 0$$
$$a_n a_{n+2} - a_n^2 = -a_{n-1} a_{n+1} + a_{n+1}^2$$
となり,さらに
$$a_n(a_{n+2} - a_n) = a_{n+1}(a_{n+1} - a_{n-1}) \quad \cdots\cdots ③$$
となります。ここで,$a_n > 0$,$a_{n+1} > a_{n-1} > 0$ ならば③より $a_{n+2} > a_n > 0$ となり $a_{n+2} > 0$ がいえます。①より $a_3 = 2$ となり,$a_2 > 0$,$a_3 > a_1 > 0$ が成り立つので $a_4 > 0$ が得られます。これをくり返して $a_n > 0$ ($n \geqq 1$) となります。そこで,③の両辺を $a_n a_{n+1}$ (> 0) で割って,
$$\frac{a_{n+2} - a_n}{a_{n+1}} = \frac{a_{n+1} - a_{n-1}}{a_n} \quad \cdots\cdots ④$$
が得られます。

$a_1 = 1$,$a_2 = 1$,$a_3 = 2$ なので,$\dfrac{a_3 - a_1}{a_2} = 1$ となり,④よりすべての自然数 n に対して,$\dfrac{a_{n+2} - a_n}{a_{n+1}} = 1$ となっ

て，$a_{n+2} = a_{n+1} + a_n$ が成り立つことが証明できました。
これで横浜国立大学の問題を終わります。

$a_n a_{n+2} - a_{n+1}^2 = (-1)^{n+1}$ の性質を使った有名なパズルがあります。

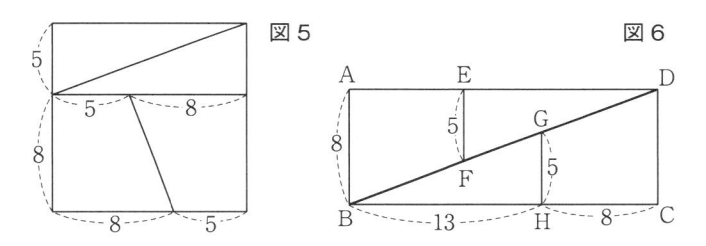

図5のように，1辺の長さが13の正方形を分割します。この分割した4個の図形の組み合わせ方を変えて，図6のような長方形を作ります。すると，不思議なことが起こっているのに気がつくでしょうか。

図5の正方形の面積は $13^2 = 169$ です。ところが図6の長方形の面積は $8 \times (13 + 8) = 168$ です。面積の差1はどこに行ってしまったのでしょうか，というパズルです。

このからくりの種明かしは，$a_n a_{n+2} - a_{n+1}^2 = (-1)^{n+1}$ の式にあります。図5，図6の場合は，$8 = a_6$，$13 = a_7$，$21 = a_8$ で，

$$a_6 a_8 - a_7^2 = (-1)^7 = -1$$

です。連続する3つのフィボナッチ数を使って図5のような正方形から図6のような長方形を作ると，長方形の対角線は一直線になっているのではなく，折れ線になっていて，面積1のずれが生じるのです。図6の場合は面積1の重なりがあります。しかしわずか1の面積なので，図を書いたとき重な

りの部分が線の太さで覆い隠されてしまって，このようなパズルが生まれたわけです。

4・7 フィボナッチ数列の最大公約数

今度は，フィボナッチ数列を眺めていただけでは見えてこない，少し複雑ですが，意外な性質を見ましょう。

フィボナッチ数列の任意の2つの項を選んで，これらの項を a_m と a_n $(m < n)$ とします。そして次の計算をします。

（1）a_m と，a_n の次の項 a_{n+1} との積，a_n と，a_m の前の項 a_{m-1} との積を求め，これらの2数の和 $a_m a_{n+1} + a_{m-1} a_n$ を求めます。

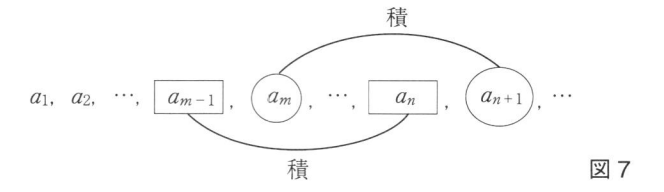

図7

（2）a_m と，a_n の前の項 a_{n-1} との積，a_n と，a_m の次の項 a_{m+1} との積を求め，これらの2数の和 $a_m a_{n-1} + a_{m+1} a_n$ を求めます。

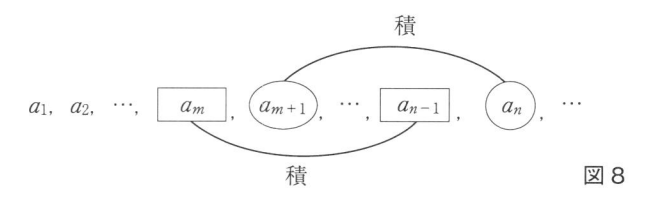

図8

第4章 黄金比とフィボナッチ数列

例を1つ計算してみましょう。$a_5 = 5$ と $a_9 = 34$ をとります。

（1）$a_5 a_{10} + a_4 a_9 = 5 \cdot 55 + 3 \cdot 34 = 275 + 102 = 377$
（2）$a_5 a_8 + a_6 a_9 = 5 \cdot 21 + 8 \cdot 34 = 105 + 272 = 377$

となっています。この計算を見て，どのようなことが予想できるでしょうか。

まず，（1）と（2）の計算結果が同じ値になりました。そればかりではなく，この 377 はフィボナッチ数列の項 a_{14} です。そして，この 14 というのは選んだ2つのフィボナッチ数列の項の番号の和 $5 + 9$ になっています。

この現象を一般的に式で表すと，

（1）$a_m a_{n+1} + a_{m-1} a_n = a_{m+n}$
（2）$a_m a_{n-1} + a_{m+1} a_n = a_{m+n}$

となります。このように一般的に式で表すと，（2）は a_{m+1} と a_{n-1} の2項を選んだときの形になっているので，（1）を証明しておけば十分です。

これを証明するのが次の問題です。

$F_0 = 0$，$F_1 = 1$，$F_{n+2} = F_{n+1} + F_n$ （$n \geqq 0$）で定義された数列 $\{F_n\}$ について，
（1）F_{15} の値を求めよ。
（2）$F_{n+m} = F_m F_{n+1} + F_{m-1} F_n$ が，$m \geqq 1$ のすべての m について成り立つことを数学的帰納法で証明せよ。

（1986　中央大学）

この問題にある数列はフィボナッチ数列の最初に 0 の項が付け加わっていますが，それを第 0 項としているので，何ら

フィボナッチ数列と変わりありません。

（1）は，順にフィボナッチ数を求めていって $F_{15} = 610$ です。

（2）を証明します。
$$F_{n+m} = F_m F_{n+1} + F_{m-1} F_n \quad (m \geq 1) \quad \cdots\cdots ①$$
とおきます。

$m = 1$ のとき，
$$F_1 F_{n+1} + F_0 F_n = 1 \cdot F_{n+1} + 0 \cdot F_n = F_{n+1}$$
となり①は成り立ちます。

$m = 2$ のとき，
$$F_2 F_{n+1} + F_1 F_n = 1 \cdot F_{n+1} + 1 \cdot F_n$$
$$= F_{n+1} + F_n = F_{n+2}$$
となり①は成り立ちます。

次に，$m = k$，$k - 1$ $(k \geq 2)$ のとき①が成り立つと仮定すると，
$$F_{n+k} = F_k F_{n+1} + F_{k-1} F_n$$
$$F_{n+k-1} = F_{k-1} F_{n+1} + F_{k-2} F_n$$
が成り立ちます。このとき，
$$F_{n+k+1} = F_{n+k} + F_{n+k-1}$$
$$= (F_k F_{n+1} + F_{k-1} F_n)$$
$$\quad + (F_{k-1} F_{n+1} + F_{k-2} F_n)$$
$$= (F_k + F_{k-1}) F_{n+1} + (F_{k-1} + F_{k-2}) F_n$$
$$= F_{k+1} F_{n+1} + F_k F_n$$
となって，$m = k + 1$ のときも成り立ちます。

したがって，すべての自然数 m について①が成り立つことがいえました。これで中央大学の問題を終わります。

フィボナッチ数列の最大公約数についても，大変興味深い

第 4 章　黄金比とフィボナッチ数列

性質があります。

　まず，隣り合うフィボナッチ数は互いに素，つまり最大公約数が 1 であることはすぐに予想できます。このことは次の問題で証明します。それから，a_p，a_q（$p > q$）について，以下のことも予想できるかもしれません。

「$q > 2$ のとき，p が q の倍数であれば，a_p は a_q の倍数であり，逆も成り立つ」

　この性質は 1876 年にリュカが見出しています。

　また，気がつくのは難しいかもしれませんが，次のことも成り立っています。

「p と q の最大公約数を d とすると，a_d は a_p と a_q の最大公約数である」

　これは記号を使うとわかりやすく表現できます。いま a，b の最大公約数を (a, b) という記号で書くことにすると，上の事実は，

$$a_{(p,q)} = (a_p, a_q)$$

というきれいな式で表現できます。

　これらの事実はここでは証明しませんが，いくつかの例で確認してください。フィボナッチ数列の不思議さを感じ取ってもらえることでしょう。

　最大公約数について，次の問題を見てください。

■■■■■■■■■■■■■■■■■■■■■■■■■■■■■■■■■■■■■■■

　数列 $\{a_n\}$ を次のように定義する。

$$a_1 = 1,\ a_2 = 1,\ a_{n+2} = a_{n+1} + a_n \quad (n \geq 1)$$

この数列の 2 つの項の最大公約数を求めよう。

（1）a_{12} と a_9 の最大公約数，a_9 と a_6 の最大公約数を求めよ。

（2）a_{n+2} と a_{n+1} が共に整数 k の倍数であるとき，a_n も k の倍数であることを示せ。

（3）a_{n+1} と a_n は互いに素であることを示せ。

（4）a_p と a_q（$p > q \geqq 1$）が共に整数 k の倍数であるとき，a_{p-q} も k の倍数である。その理由を次の関係式（証明しなくてもよい）と（3）を利用して示せ。

$$a_p = a_{p-q}a_{q+1} + a_{p-q-1}a_q$$

（5）$a_{126} = 9615185546301842246877 4568$,

$a_{78} = 8944394323791464$ である。（4）の性質を用いて，a_{126} と a_{78} の最大公約数を求めよ。

(2007 大阪工業大学)

まず（1）は，具体的に数列を見て答えましょう。

フィボナッチ数列は順に，

1，1，2，3，5，8，13，21，34，55，89，144，…

となり，$a_{12} = 144$，$a_9 = 34$ だから最大公約数は 2 です。また，$a_6 = 8$ だから a_9 と a_6 の最大公約数は 2 です。この問題で，$(a_{12}, a_9) = a_{(12,9)} = 2$，$(a_9, a_6) = a_{(9,6)} = 2$ であることが確認できます。

（2）を考えましょう。これは漸化式を使います。漸化式より $a_n = a_{n+2} - a_{n+1}$ なので，この式から，a_{n+2}，a_{n+1} がともに k の倍数なら，a_n も k の倍数になります。

次に（3）では，（2）の結果を使います。いま，a_{n+1} と a_n が互いに素でないとして，その最大公約数を d（$\geqq 2$）とします。すると，（2）より，a_{n-1} も d の倍数です。そしてこれを繰り返すと，a_2，a_1 がともに d の倍数になり，$a_2 = a_1 = 1$ だから $d \geqq 2$ であることと矛盾します。したがって，

a_{n+1}，a_n が互いに素であることがいえました。

（4）で与えられている等式は，前の中央大学の問題（2）（133ページ）で証明した関係式と全く同じものです。中央大学の式で，$n + m = p$，$n = q$ とおくと，この問題の等式になります。これより，

$$a_p - a_{p-q-1}a_q = a_{p-q}a_{q+1}$$

となるので，a_p，a_q が k の倍数なら右辺の $a_{p-q}a_{q+1}$ も k の倍数になることがわかります。一方，（3）より a_q，a_{q+1} は互いに素なので，a_{q+1} と k は互いに素です。したがって a_{p-q} が k の倍数になります。

最後に（5）です。$d\,(\geqq 2)$ を a_{126} と a_{78} の最大公約数とします。すると，（4）より，$a_{126-78} = a_{48}$ は d の倍数です。以下，同様にして，

$$a_{78-48} = a_{30}, \ a_{48-30} = a_{18}, \ a_{30-18} = a_{12},$$
$$a_{18-12} = a_6, \ a_{12-6} = a_6$$

もそれぞれ d の倍数になります。したがって，d は $a_6 = 8$ の約数になり，$d \leqq 8$ となります。一方，a_{126}，a_{78} は下3桁がそれぞれ568，464で8の倍数だから，a_{126}，a_{78} は8の倍数で，8はこの2数の公約数です。したがって，$d \geqq 8$ となり，$d = 8$ がいえます。つまり，a_{126}，a_{78} の最大公約数は8です。ここでも $(a_{126}, a_{78}) = a_{(126,78)}$ が成り立っていることを確認しておきましょう。これで大阪工業大学の問題を終わります。

4・8 一般化

フィボナッチ数列とリュカ数列は異なる性質もありますが，共通の性質もあります。では，共通の性質は2つの数列のどの部分からきているのでしょうか。数学では問題を一般化，抽象化することによって，どこに本質があるかが見えてきます。

例えば，一般項が $a_n = \dfrac{1}{\sqrt{5}}(\alpha^n - \beta^n)$ となるフィボナッチ数列，一般項が $a_n = \alpha^n + \beta^n$ となるリュカ数列はいずれも漸化式 $a_{n+2} = a_{n+1} + a_n$ を満たしました。この性質の本質はどこにあるのでしょうか。またフィボナッチ数列もリュカ数列も隣り合う項の比の値の極限は黄金比 τ になりました。この本質もどこにあるのでしょうか。

次の問題を見てください。

2次方程式 $x^2 - x - 1 = 0$ の2つの解を α，β とする。数列 $\{a_n\}$ は
$$a_n = A\alpha^{n-1} + B\beta^{n-1} \quad (n = 1, 2, 3, \cdots)$$
を満たしている。（ただし，A と B は定数とする。）次の問いに答えよ。
(1) $a_{n+2} = a_{n+1} + a_n$ $(n = 1, 2, 3, \cdots)$ を示せ。
(2)(3)省略

(2003　宇都宮大学)

フィボナッチ数列とリュカ数列の一般項はそれぞれ，

$$\frac{1}{\sqrt{5}}(\alpha^n - \beta^n), \ \alpha^n + \beta^n$$

でしたが，漸化式 $a_{n+2} = a_{n+1} + a_n$ を満たす根拠は一般項が，

$$a_n = A\alpha^{n-1} + B\beta^{n-1}$$

の形をしていればよいことがこの問題からわかります。フィボナッチ数列は $A = \dfrac{\alpha}{\sqrt{5}}$，$B = -\dfrac{\beta}{\sqrt{5}}$，リュカ数列は $A = \alpha$，$B = \beta$ の場合になります。(1)を証明しましょう。

$$\begin{aligned}a_{n+1} + a_n &= A\alpha^n + B\beta^n + A\alpha^{n-1} + B\beta^{n-1} \\ &= A\alpha^{n-1}(\alpha + 1) + B\beta^{n-1}(\beta + 1)\end{aligned}$$

α，β は $x^2 - x - 1 = 0$ の解だから，$\alpha + 1 = \alpha^2$，$\beta + 1 = \beta^2$ が成り立つので，

$$\begin{aligned}a_{n+1} + a_n &= A\alpha^{n-1} \cdot \alpha^2 + B\beta^{n-1} \cdot \beta^2 \\ &= A\alpha^{n+1} + B\beta^{n+1} = a_{n+2}\end{aligned}$$

となって証明が完了します。

これで宇都宮大学の問題を終わりますが，この問題で主張していたことは，2次方程式 $x^2 - x - 1 = 0$ の2つの解を α，β としたとき，一般項 a_n が $A\alpha^{n-1} + B\beta^{n-1}$ で表される数列は $a_{n+2} = a_{n+1} + a_n$ の漸化式をもつことでした。では，逆にこの漸化式を満たす数列の一般項は $A\alpha^{n-1} + B\beta^{n-1}$ の形をしているかということですが，これもいえます。

これは，$a_{n+2} = a_{n+1} + a_n$ を，4・2節の関西医科大学の問題(2)(107ページ)と同様に考えて $a_{n+2} - pa_{n+1} = q(a_{n+1} - pa_n)$ とおくと $p + q = 1$，$pq = -1$ が得られ，p，q は $x^2 - x - 1 = 0$ の解になるので $(p, \ q) = (\alpha, \ \beta)$，

(β, α) となります。よって
$$a_{n+1} - \alpha a_n = (a_2 - \alpha a_1)\beta^{n-1},$$
$$a_{n+1} - \beta a_n = (a_2 - \beta a_1)\alpha^{n-1}$$
となり,辺々引くと,
$$(\alpha - \beta)a_n = (a_2 - \beta a_1)\alpha^{n-1} - (a_2 - \alpha a_1)\beta^{n-1}$$
$$a_n = \frac{a_2 - \beta a_1}{\alpha - \beta}\alpha^{n-1} - \frac{a_2 - \alpha a_1}{\alpha - \beta}\beta^{n-1}$$
となることから得られます。

またフィボナッチ数列で
$$a_n a_{n+2} - a_{n+1}{}^2 = (-1)^{n+1}$$
となりましたが,一般に $a_n = A\alpha^{n-1} + B\beta^{n-1}$ を満たす数列 $\{a_n\}$ が,
$$a_n a_{n+2} - a_{n+1}{}^2 = c(-1)^{n+1} \ (c は定数)$$
を満たすことも,フィボナッチ数列と同様にして得られます。

またフィボナッチ数列,リュカ数列の隣り合う項の比の極限が黄金比になることを見ましたが,この極限の性質もこの2つの数列に限らず,一般項が $a_n = A\alpha^{n-1} + B\beta^{n-1}$ であることから得られます。つまり漸化式 $a_{n+2} = a_{n+1} + a_n$ を満たすことからいえるわけです。この事実は,どのような自然数を2つ勝手に選んだとしても,先行する2つの項を加えて作った数列は隣り合う項の比の極限が黄金比になるということをいっています。だから,最初に2と5を選んで作った

　　　2, 5, 7, 12, 19, 31, …

も,最初に1と1000を選んで作った

　　　1, 1000, 1001, 2001, 3002, …

も,隣り合う項の比の極限が τ になるのです。

2次方程式 $x^2 - x - 1 = 0$ の解を α, β ($\alpha > \beta$) としたとき，α は黄金比 τ であり，また一般項が
$$a_n = A\alpha^{n-1} + B\beta^{n-1}$$
である数列は漸化式
$$a_{n+2} = a_{n+1} + a_n$$
を満たし，逆もいえました。そして，
$$\lim_{n \to \infty} \frac{a_{n+1}}{a_n} = \alpha = \tau$$
であることも成り立ちました。

この章を通して，2次方程式 $x^2 - x - 1 = 0$ がいかに豊かな数学を内に秘めているかを知ってもらえたのではないかと思います。

第5章

パスカルの三角形からの展開

多角数、分割数から暗号まで

パスカルの三角形はとても面白い性質を多くもっています。それらの性質を取り上げた入試問題も非常にたくさんあります。しかし，この章ではパスカルの三角形そのものの性質より，パスカルの三角形を通して見えてくる数学の世界を紹介します。

5・1　パスカルの三角形

パスカルの三角形の基本的な性質を振り返ってみましょう。高校で学習する内容ですが，パスカルの三角形で成り立っている事実の不思議さを再確認，再発見してもらえればと思っています。

パスカルの三角形は次のような数の列です。

```
                    1
                  1   1
                1   2   1
              1   3   3   1
            1   4   6   4   1
          1   5  10  10   5   1
        1   6  15  20  15   6   1
      1   7  21  35  35  21   7   1
    1   8  28  56  70  56  28   8   1
```

パスカルの三角形は，各段の両端の値が1で，上の段にある2数の和がその2数の下に位置している数になっています。このようにして作られたパスカルの三角形はいろいろと面白い性質をもっています。

まず，各段の数を加えて，和がどのような法則にしたがっ

ているかを見てみましょう。

話の都合上，最上段を 0 段目と呼ぶことにします。

      0 段目は，1
      1 段目は，$1 + 1 = 2$
      2 段目は，$1 + 2 + 1 = 4$
      3 段目は，$1 + 3 + 3 + 1 = 8$
      4 段目は，$1 + 4 + 6 + 4 + 1 = 16$
      5 段目は，$1 + 5 + 10 + 10 + 5 + 1 = 32$
      6 段目は，$1 + 6 + 15 + 20 + 15 + 6 + 1 = 64$

となり，

$$1 = 2^0, \ 2 = 2^1, \ 4 = 2^2, \ 8 = 2^3, \ 16 = 2^4,$$
$$32 = 2^5, \ 64 = 2^6$$

なので，n 段目の和は 2^n となるようです。実際この予想は正しく，すぐあとで証明します。

今度は $(a + b)^n$ の展開式を考えてみましょう。

$(a + b)^1 = a + b$

$(a + b)^2 = a^2 + 2ab + b^2$

$(a + b)^3 = a^3 + 3a^2b + 3ab^2 + b^3$

$(a + b)^4 = a^4 + 4a^3b + 6a^2b^2 + 4ab^3 + b^4$

$(a + b)^5 = a^5 + 5a^4b + 10a^3b^2 + 10a^2b^3 + 5ab^4 + b^5$

$(a + b)^6 = a^6 + 6a^5b + 15a^4b^2 + 20a^3b^3 + 15a^2b^4$
          $+ 6ab^5 + b^6$

$(a + b)^7 = a^7 + 7a^6b + 21a^5b^2 + 35a^4b^3 + 35a^3b^4$
          $+ 21a^2b^5 + 7ab^6 + b^7$

$(a + b)^8 = a^8 + 8a^7b + 28a^6b^2 + 56a^5b^3 + 70a^4b^4$
          $+ 56a^3b^5 + 28a^2b^6 + 8ab^7 + b^8$

となります。

実は，$(a+b)^n$ の展開式の係数が，パスカルの三角形の n 段目に現れている数になっています。つまり，パスカルの三角形を書いておけば，$(a+b)^n$ の展開式が簡単に書けることになります。

では，なぜパスカルの三角形の n 段目の和が 2^n になるのか，なぜ $(a+b)^n$ の展開式の係数にパスカルの三角形が現れるのか，その理由を考えてみましょう。そのためにまず，パスカルの三角形がすべて組合せの数 ${}_n\mathrm{C}_k$ で表せることを示します。

組合せの数は ${}_n\mathrm{C}_k = \dfrac{n!}{k!(n-k)!}$ と表すことができ，$0!=1$ と定義するので ${}_n\mathrm{C}_0=1$ であり，また ${}_n\mathrm{C}_n=1$ です。これより，パスカルの三角形の 0 段目の 1 を ${}_0\mathrm{C}_0$ と表し，1 段目の 2 つの 1 を ${}_1\mathrm{C}_0$，${}_1\mathrm{C}_1$ と表します。そして，2 段目の両端の 1 を ${}_2\mathrm{C}_0$，${}_2\mathrm{C}_2$ と表します。すると，2 段目の中央の数は，パスカルの三角形の作り方から，${}_1\mathrm{C}_0 + {}_1\mathrm{C}_1 = 2$ になり，これは ${}_2\mathrm{C}_1$ と書くことができます。

この関係の一般的な式を与えているのが次の問題です。

次の各問に答えよ。
(1) 次の等式が成り立つことを示せ。
$${}_n\mathrm{C}_k + {}_n\mathrm{C}_{k+1} = {}_{n+1}\mathrm{C}_{k+1}$$
$(k = 0, 1, 2, \cdots, n-1)$
(2) (1) の等式を用いて，すべての自然数 n について
$${}_n\mathrm{C}_0 + {}_n\mathrm{C}_1 + \cdots + {}_n\mathrm{C}_n = 2^n$$
が成り立つことを数学的帰納法で示せ。

(2002　宇都宮大学)

第5章　パスカルの三角形からの展開

（1）の等式を $_nC_k = \dfrac{n!}{k!(n-k)!}$ を使って証明すると，

$$_nC_k + {_nC_{k+1}} = \dfrac{n!}{k!(n-k)!} + \dfrac{n!}{(k+1)!(n-k-1)!}$$

$$= \dfrac{\{(k+1)+(n-k)\}n!}{(k+1)!(n-k)!} = \dfrac{(n+1)!}{(k+1)!(n-k)!}$$

$$= {_{n+1}C_{k+1}}$$

となります。

この(1)の等式で $n=1$ とすれば，$_1C_0 + {_1C_1} = {_2C_1}$ となります。同様に，3段目の両端の1は $_3C_0$，$_3C_3$ と表され，2番目の数は $_2C_0 + {_2C_1} = {_3C_1}$，3番目の数は $_2C_1 + {_2C_2} = {_3C_2}$ となります。このように，n 段目の両端の1を $_nC_0$，$_nC_n$ と表し，$_{n-1}C_{k-1}$ と $_{n-1}C_k$ の和が n 段目の $_nC_k$ となります。つまり，パスカルの三角形の中に現れる数は，次のようにすべて組合せの数で表すことができるわけです。

$$_0C_0$$
$$_1C_0 \quad {_1C_1}$$
$$_2C_0 \quad {_2C_1} \quad {_2C_2}$$
$$_3C_0 \quad {_3C_1} \quad {_3C_2} \quad {_3C_3}$$
$$_4C_0 \quad {_4C_1} \quad {_4C_2} \quad {_4C_3} \quad {_4C_4}$$
$$_5C_0 \quad {_5C_1} \quad {_5C_2} \quad {_5C_3} \quad {_5C_4} \quad {_5C_5}$$

したがって，最初の性質である n 段目の数の和が 2^n になることは，

$$_nC_0 + {_nC_1} + \cdots + {_nC_n} = 2^n$$

であることと同値です。そしてこれを証明せよというのが，宇都宮大学の問題(2)です。数学的帰納法でという指定がありますが，ここでは別の方法で考えます。その証明をするた

めに次の問題を見てください。

n を自然数とする。
（1）等式
$(a+b)^n = {}_nC_0 a^n + {}_nC_1 a^{n-1}b + \cdots + {}_nC_k a^{n-k}b^k$
$+ \cdots + {}_nC_{n-1} ab^{n-1} + {}_nC_n b^n$ が成り立つことを示せ。
（2）${}_{2n}C_0 + {}_{2n}C_2 + \cdots + {}_{2n}C_{2n} = {}_{2n}C_1 + {}_{2n}C_3 + \cdots + {}_{2n}C_{2n-1}$ を証明せよ。
（3）省略

（2002　広島大学）

（1）の等式を**二項定理**といいます。
　$(a+b)^n$ の展開式の係数がパスカルの三角形の n 段目の数と一致することはすでに観察した通りで，その数が

　　${}_nC_0$, ${}_nC_1$, ${}_nC_2$, $\cdots$, ${}_nC_{n-1}$, ${}_nC_n$

です。問題（1）はこれが $(a+b)^n$ の展開式の係数になっていることを証明する問題です。展開式において，$a^{n-k}b^k$ の項は，n 個の $a+b$ から k 個の $a+b$ を選んで b を取り出し，残りの $a+b$ から a を取り出してできます。したがって，その係数は n 個のものから k 個のものを選ぶ組合せの数 ${}_nC_k$ となります。このことは $k=0, 1, 2, \cdots, n$ のすべての場合についていえるので，（1）の等式が成り立ちます。この ${}_nC_k$ のことを**二項係数**といいます。
　（1）を使えば，パスカルの三角形の n 段目の和が 2^n であること，つまり，

　　${}_nC_0 + {}_nC_1 + \cdots + {}_nC_n = 2^n$

であることは，次のように示されます。

問題(1)の等式で，$a = b = 1$ とおくと，
$$2^n = {}_nC_0 + {}_nC_1 + \cdots + {}_nC_n$$
となり証明ができます。これで先ほどの宇都宮大学の問題 (2)が完了しました。

また(1)の等式で $a = 1$, $b = -1$ とおくと，
$$0 = {}_nC_0 - {}_nC_1 + {}_nC_2 - \cdots + (-1)^n {}_nC_n$$
となり，これを利用すれば，パスカルの三角形の偶数段目について，
$${}_{2n}C_0 - {}_{2n}C_1 + {}_{2n}C_2 - \cdots - {}_{2n}C_{2n-1} + {}_{2n}C_{2n} = 0$$
が成り立ち，
$$\begin{aligned}&{}_{2n}C_0 + {}_{2n}C_2 + \cdots + {}_{2n}C_{2n}\\ &= {}_{2n}C_1 + {}_{2n}C_3 + \cdots + {}_{2n}C_{2n-1}\end{aligned}$$
となって，広島大学の問題(2)が証明できます。

5・2 多角数

パスカルの三角形（144ページ）を斜め方向に眺めてみましょう。パスカルの三角形において左から1番目の数はすべて1，左から2番目の数は

1, 2, 3, 4, 5, 6, 7, 8, …

左から3番目の数は

1, 3, 6, 10, 15, 21, 28, …

です。

左から2番目の数はいうまでもなく自然数の列です。これは ${}_nC_1 = n$ であることからわかります。

左から3番目の数は**三角数**と呼ばれています。なぜ「三角

数」かということですが、これらの数は、

・　　　・　　　　・　　　　　・
・・　　・・　　　・・　　　　・・
　　　・・・　　・・・　　　・・・
　　　　　　　・・・・　　・・・・
　　　　　　　　　　　　・・・・・　図1

というように三角形の形に並べることができるからです。

ピタゴラスは数に名前をつけて、三角数、四角数、五角数、…というように数を分類しました。1はこれらの最初の数と考えます。

三角数は図1を見てわかるように、

1, $1+2=3$, $1+2+3=6$, $1+2+3+4=10$, …

と自然数の和になっていて、一般的には、

$$1+2+3+\cdots+n=\frac{1}{2}n(n+1)$$

の形の数になります。

四角数は正方形の形に並べた数で、

<!-- 図2 -->

1, 4, 9, 16, …, n^2, … となり、一般的には平方数と呼ばれています。そして連続した n 個の奇数の和は、
$1+3+5+\cdots+(2n-1)=n^2$ となって四角数になります。

五角数は五角形の形に並べた数です。これについては次の問題を見てください。

━━━━━━━━━━━━━━━━━━━━━━━━━━━━━━

図のように5角形上に内側から順に点を並べる。内側から n 番目の5角形の周上および内部にある点の個数を a_n とおく。ただし、$n=1$ の場合は1点とする。例えば、a_1

第 5 章　パスカルの三角形からの展開

$=1$，$a_2=5$，$a_3=12$，$a_4=22$ である。このとき，次の問いに答えよ。

（1）数列 $\{a_n\}$ が満たす漸化式を求めよ。

（2）この数列の第 n 項 a_n を求めよ。

（3）（4）省略

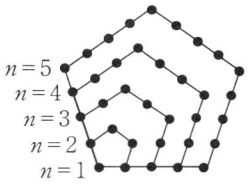

（**2003　鳥取大学**）

- -

（1）では，$n+1$ 番目の五角形は n 番目の五角形よりいくつ点が増えているかということを考えます。$n+1$ 個の点が並ぶ辺が 3 つ増えていて，そのうち 2 点が重複しているので，$3(n+1)-2=3n+1$ 個の点が増えることになります。したがって，

$$a_{n+1}=a_n+3n+1$$

となります。

（2）は（1）で求めた漸化式より，数列 $\{a_n\}$ の階差数列の一般項が $3n+1$ であることから，$n\geqq 2$ のとき，

$$a_n=a_1+\sum_{k=1}^{n-1}(3k+1)=1+3\cdot\frac{1}{2}n(n-1)+n-1$$
$$=\frac{3n^2-n}{2}$$

となり，$a_1=1$ もこの式を満たすので，$n\geqq 1$ で $a_n=\dfrac{3n^2-n}{2}$ となります。これで鳥取大学の問題を終わります。

五角数の一般項を表す式は，

$3a_n = \dfrac{9n^2 - 3n}{2} = \dfrac{3n(3n-1)}{2}$ と変形でき，$3n - 1 = N$ とおくと $3n = N+1$ で，$\dfrac{3n(3n-1)}{2} = \dfrac{N(N+1)}{2}$ となります。これは三角数なので，五角数の3倍は三角数になっていることがわかります。

　五角数の一般的な形がわかったので，五角数の背後にある興味深い現象を紹介しましょう。

$$(1-x)(1-x^2)(1-x^3)(1-x^4)(1-x^5)\cdots$$

という式を考えます。…は無限に続いていることを示しています。無限に掛けるというと収束とか発散とかが気になるかもしれませんが，ここでは，形式的に多項式を掛けたものです。無限に積が続いているので難しそうですが，以下のように，次数の小さい項から順に求まっていきます。

$$(1-x)(1-x^2) = 1 - x - x^2 + x^3$$
$$(1-x)(1-x^2)(1-x^3)$$
$$= (1 - x - x^2 + x^3)(1-x^3)$$
$$= 1 - x - x^2 + x^4 + x^5 - x^6$$
$$(1-x)(1-x^2)(1-x^3)(1-x^4)$$
$$= (1 - x - x^2 + x^4 + x^5 - x^6)(1-x^4)$$
$$= 1 - x - x^2 + 2x^5 - x^8 - x^9 + x^{10}$$

というように計算できます。次に $1 - x^5$ を掛けても，$1 - x - x^2$ までの項は確定していて，変わることはありません。この掛け算を続けていくと，無限の積

$$(1-x)(1-x^2)(1-x^3)(1-x^4)(1-x^5)\cdots$$

は，

$$1 - x - x^2 + x^5 + x^7 - x^{12} - x^{15} + x^{22} + x^{26} - \cdots$$

第 5 章　パスカルの三角形からの展開

となります。x^3 や x^4 の項は現れていないので，係数は 0 と考えると，面白いことに係数は 0 と ±1 しか出てきません。計算の途中では一時的に係数が 2 などになることはありますが，計算を続けていくと 0 か ±1 のいずれかになることがわかっています。

この等式の x の指数を 1 つおきに見てください。

　　　1，5，12，22，…

となっていますが，この数はどういう数でしょうか。すぐに気づくと思いますが，これらは五角数です。そして，残りの項の指数

　　　2，7，15，26，…

はどのような数かというと，五角数の一般項の式 $\dfrac{3n^2-n}{2}$ に -1，-2，-3，-4，… を代入したものになっています。

この事実をオイラーは 1741 年に発見し，9 年ほど後に証明を完成しました。

さらに，五角数は**分割数**と呼ばれる数と不思議な関係があります。分割数を説明するために，次の問題を見てください。

━━━━━━━━━━━━━━━━━━━━━━━━━━━━

自然数 n をそれより小さい自然数の和として表すことを考える。ただし，$1+2+1$ と $1+1+2$ のように和の順序が異なるものは別の表し方とする。例えば，自然数 2 は $1+1$ の 1 通りの表し方ができ，自然数 3 は $2+1$，$1+2$，$1+1+1$ の 3 通りの表し方ができる。
（1）自然数 4 の表し方は何通りあるか。
（2）自然数 5 の表し方は何通りあるか。

153

(3) 2以上の自然数 n の表し方は何通りあるか。

（2002　大阪教育大学）

━━━━━━━━━━━━━━━━━━━━━━━━━━━━

（1）は，下の図3のように4つの○の間に仕切りを1つ入れると4は2つの数に分割でき，分割した2つの数の和で表せます。仕切りを2つ入れると3つの数に分割でき，3つの数の和として表せます。そして$1+1+1+1$は3つの仕切りを入れることに対応します。したがって，求める表し方は，

$$_3C_1 + {}_3C_2 + {}_3C_3 = 3 + 3 + 1 = 7$$

で7通りになります。

○｜○　○　○　　　　$1 + 3$

○｜○　○｜○　　　　$1 + 2 + 1$

○｜○｜○｜○　　　　$1 + 1 + 1 + 1$　　　図3

（2）も同じように考えます。今度は5つの○の間に仕切りを入れると考えて，表し方は

$$_4C_1 + {}_4C_2 + {}_4C_3 + {}_4C_4 = 4 + 6 + 4 + 1 = 15$$

で15通りとなります。

（3）は（1）（2）の計算を一般的にすればよいので，

$$\begin{aligned}&{}_{n-1}C_1 + {}_{n-1}C_2 + {}_{n-1}C_3 + \cdots + {}_{n-1}C_{n-1} \\&= ({}_{n-1}C_0 + {}_{n-1}C_1 + {}_{n-1}C_2 + {}_{n-1}C_3 + \cdots \\&\quad + {}_{n-1}C_{n-1}) - {}_{n-1}C_0 = 2^{n-1} - 1\end{aligned}$$

となります。最後の等号は，パスカルの三角形の $n-1$ 段目の数の和が 2^{n-1} であることを使っています。

この大阪教育大学の問題では，自然数の表し方を数えると

き，和の順序が異なるものを別の表し方としています。では，その数自身も1つの和として考え，順序を入れかえたものは同じ表し方と考えて，表し方を数えるとどうなるでしょうか。

2は2と1+1の2通りになります。3は3，1+2，1+1+1の3通り，4は4，3+1，2+2，2+1+1，1+1+1+1の5通りになります。

このような自然数 n の表し方の数を $p(n)$ と書いて，n の分割数と呼びます。この記号で書くと，

$$p(1)=1,\ p(2)=2,\ p(3)=3,\ p(4)=5$$

となります。そしてさらに，$p(5)=7$，$p(6)=11$ と続きます。大阪教育大学の問題は和の順序を考えて表し方を計算しましたが，順序を考えないとして，少し条件を変えただけで問題は恐ろしく難しくなります。分割数 $p(n)$ を計算するのは容易ではありません。

しかし，分割数の魅力に惹かれた数学者たちによる多くの興味深い研究があります。$p(n)$ を具体的に表す式は得られていますが，かなり複雑です。また，インドの数学者ラマヌジャン（1887-1920）は天才的洞察力で $p(5n+4)$ が5の倍数，$p(7n+5)$ が7の倍数，$p(11n+6)$ が11の倍数であることを見出しています。

また，分割数の大きさの限界がフィボナッチ数と関係してきます。a_n を n 番目のフィボナッチ数とするとき，任意の整数 $n\ (\geq 0)$ に対して，$p(n) \leq a_{n+1}$ が成り立ちます。ここで $p(0)=1$ と定義しています。分割数の不等式 $p(n) \leq p(n-1)+p(n-2)\ (n \geq 2)$ が成り立つことがわかっているので，これを使うと $p(n) \leq a_{n+1}$ を数学的帰

納法で簡単に証明することができます。

オイラーは分割数と五角数の間に不思議な関係があることを見出しました。1を
$$(1-x)(1-x^2)(1-x^3)(1-x^4)(1-x^5)\cdots$$
$$= 1 - x - x^2 + x^5 + x^7 - x^{12} - x^{15} + x^{22} + x^{26} - \cdots$$
……①

で割った式，つまり，
$$\frac{1}{(1-x)(1-x^2)(1-x^3)(1-x^4)(1-x^5)\cdots}$$
$$= \frac{1}{1 - x - x^2 + x^5 + x^7 - x^{12} - x^{15} + x^{22} + x^{26} - \cdots}$$

を考えます。1を無限に続く多項式で割るというのは難しいかもしれませんが，次のように計算できます。1を無限に続く多項式で割るので商も多項式になり，求める多項式を $a + bx + cx^2 + dx^3 + \cdots$ とおくと，
$$1 = (1 - x - x^2 + x^5 + \cdots)(a + bx + cx^2 + dx^3 + \cdots)$$
が成り立ちます。右辺を展開すると，
$$a + (-a + b)x + (-a - b + c)x^2$$
$$+ (-b - c + d)x^3 + \cdots$$
となっていくので，
$$a = 1, \quad -a + b = 0, \quad -a - b + c = 0,$$
$$-b - c + d = 0, \quad \cdots$$
が成り立ち，これを解いていくと，
$$a = 1, \quad b = 1, \quad c = 2, \quad d = 3, \quad \cdots$$
が得られます。この計算を続けていくと，
$$\frac{1}{(1-x)(1-x^2)(1-x^3)(1-x^4)(1-x^5)\cdots}$$

第5章 パスカルの三角形からの展開

$$= \frac{1}{1 - x - x^2 + x^5 + x^7 - x^{12} - x^{15} + x^{22} + x^{26} - \cdots}$$
$$= 1 + x + 2x^2 + 3x^3 + 5x^4 + 7x^5 + 11x^6 + \cdots \quad \cdots\cdots ②$$

となります。第 2 項から後の x の係数

$$1, \ 2, \ 3, \ 5, \ 7, \ 11, \ \cdots$$

はどういう数だったかというと,分割数 $p(n)$ です。つまり,1 を五角数が指数に現れる式①で割って得られた多項式②の係数に分割数が現れ,

$$\frac{1}{1 - x - x^2 + x^5 + x^7 - x^{12} - x^{15} + x^{22} + x^{26} - \cdots}$$
$$= p(0) + p(1)x + p(2)x^2 + p(3)x^3 + p(4)x^4$$
$$+ p(5)x^5 + p(6)x^6 + \cdots$$

という五角数と分割数の思いがけない関係が得られます($p(0)$ は 1 と定義しました)。

さらに,①の式を 3 乗すると,

$$(1 - x - x^2 + x^5 + x^7 - x^{12} - x^{15} + x^{22} + x^{26} - \cdots)^3$$
$$= 1 - 3x + 5x^3 - 7x^6 + 9x^{10} - \cdots$$

となり,係数に奇数が現れ,指数に三角数 1, 3, 6, 10, … が現れます。これは**ヤコビの恒等式**と呼ばれています。

これらは非常に不思議な関係で,数学の世界の神秘を垣間見る思いがします。そしてさらにこの奥には,深く広大な数学の世界が限りなく広がっています。

図形に喩(たと)えた数は三角数,四角数,五角数,六角数,……と続きますが,このような数をまとめて**多角数**といいます。フェルマーは多角数について,次のことを予想していました。

「すべての自然数は n 個以内の n 角数の和で書ける」

つまり，すべての自然数は3個以内の三角数の和で書け，4個以内の四角数の和で書け，5個以内の五角数の和で書け，……ということがいえるというのです。例えば54は，

$54 = 3 + 6 + 45$（三角数の和）
$54 = 4 + 9 + 16 + 25$（四角数の和）
$54 = 1 + 1 + 5 + 12 + 35$（五角数の和）

となります。他のいろいろな自然数 n で実際に計算してみてください。素晴らしさを感じてもらえると思います。フェルマーはこの事実の背後に深い数の神秘があると感じていたようですが，証明はできませんでした。

オイラーはこの多角数についての予想を知って大いに感激しましたが，証明はできませんでした。その後，四角数の場合はラグランジュ（1736-1813）によって，三角数の場合はガウスによって証明され，一般の場合はコーシー（1789-1857）によって証明されました。

パスカルの三角形を斜め方向に眺める話にもどします。左から3番目の数は三角数でしたが，左から4番目の数，

1, 4, 10, 20, 35, 56, …

はどのような数でしょうか。実はこれらの数は**四面体数**と呼ばれている数で，四面体の形を作る数になっています。

左から5番目の数，

1, 5, 15, 35, 70, …

は**五胞体数**と呼ばれている数で，二次元の三角形，三次元の四面体に続く四次元の図形を表す数になっています。

以下，これらの数列の中に潜んでいる法則を探ってみましょう。

これらの数を眺めていると，ある面白い性質が見えてきま

す。一般的に述べる前に，具体的な例で見てみましょう。

左から2番目の数を順に加えていくと，
$$1 = 1,\ 1+2 = 3,\ 1+2+3 = 6,$$
$$1+2+3+4 = 10,\ 1+2+3+4+5 = 15$$
となって，三角数が出てきます。これは三角数が自然数の和であるということで，すでに説明した通りです。

左から3番目の数の和は，
$$1 = 1,\ 1+3 = 4,\ 1+3+6 = 10,$$
$$1+3+6+10 = 20,\ 1+3+6+10+15 = 35$$
となって四面体数が出てきます。つまり，四面体数は三角数の和になっています。

左から4番目の数の和は，
$$1 = 1,\ 1+4 = 5,\ 1+4+10 = 15,$$
$$1+4+10+20 = 35,\ 1+4+10+20+35 = 70$$
というようになっています。これは五胞体数が四面体数の和になっていることを示しています。これらの式を組合せの記号を使って書くと，
$$_3C_3 = {}_4C_4,\ {}_3C_3 + {}_4C_3 = {}_5C_4,\ {}_3C_3 + {}_4C_3 + {}_5C_3 = {}_6C_4,$$
$$_3C_3 + {}_4C_3 + {}_5C_3 + {}_6C_3 = {}_7C_4,$$
$$_3C_3 + {}_4C_3 + {}_5C_3 + {}_6C_3 + {}_7C_3 = {}_8C_4$$
となります。これを証明するのが次の問題です。

---

n を3以上の自然数とするとき，次の各問に答えよ。
（1）次の等式が成り立つことを示せ。
$$\sum_{k=3}^{n} {}_kC_3 = {}_{n+1}C_4$$

ただし，$_mC_r$ は相異なる m 個のものから r 個取り出す

ときの組合せの総数を表す。
(2) 省略

(1989　宮崎大学)

━━━━━━━━━━━━━━━━━━━━━━━━━━━━━━━━

　証明は数学的帰納法を使います。
　$n = 3$ のとき，左辺 $= {}_3C_3 = 1$，右辺 $= {}_4C_4 = 1$ で成り立ちます。
　$n = \ell$ のとき ${}_3C_3 + {}_4C_3 + {}_5C_3 + \cdots + {}_\ell C_3 = {}_{\ell+1}C_4$ が成り立つと仮定すると，

$$({}_3C_3 + {}_4C_3 + {}_5C_3 + \cdots + {}_\ell C_3) + {}_{\ell+1}C_3$$
$$= {}_{\ell+1}C_4 + {}_{\ell+1}C_3 = {}_{\ell+2}C_4$$

となって，$n = \ell + 1$ のときも成り立ちます。したがって，$n \geqq 3$ のすべての自然数に対して成り立つことがいえました。これで宮崎大学の問題を終わります。

　一般に，$n \geqq r \, (\geqq 0)$ のとき，パスカルの三角形の左から $r + 1$ 番目の和（斜め方向の和）について，

$${}_rC_r + {}_{r+1}C_r + {}_{r+2}C_r + \cdots + {}_nC_r = {}_{n+1}C_{r+1}$$

が成り立つと予想でき，宮崎大学の問題と同様にして数学的帰納法で証明できます。

　この節の最後に，パスカルの三角形と第4章で述べたフィボナッチ数列との関係について述べておきます。

　このことを見るために，パスカルの三角形の各段を左に寄せます。

第5章 パスカルの三角形からの展開

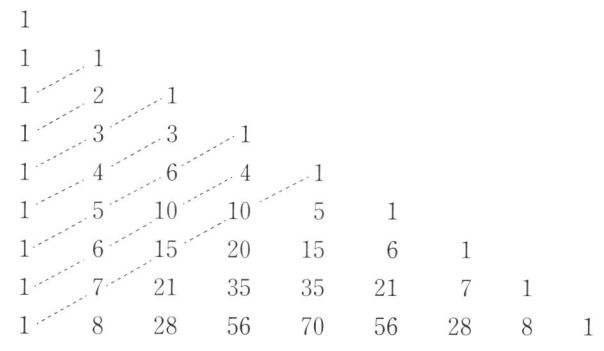

```
1
1    1
1    2    1
1    3    3    1
1    4    6    4    1
1    5   10   10    5    1
1    6   15   20   15    6    1
1    7   21   35   35   21    7    1
1    8   28   56   70   56   28    8    1
```

このようにパスカルの三角形を書くと，この中にフィボナッチ数列が存在していることに気がつきます。

左寄せのパスカルの三角形で，上のように右斜め上の方向に並んでいる数を加えると，

1
1
$1 + 1 = 2$
$1 + 2 = 3$
$1 + 3 + 1 = 5$
$1 + 4 + 3 = 8$
$1 + 5 + 6 + 1 = 13$
$1 + 6 + 10 + 4 = 21$
$1 + 7 + 15 + 10 + 1 = 34$

となって，

$1, 1, 2, 3, 5, 8, 13, 21, 34$

という数列が得られます。これはいうまでもなくフィボナッチ数列です。証明に興味のある読者は次の問題を考えてみてください。

自然数 n に対して $\dfrac{n}{2}$ を越えない最大の整数を $h(n)$ で表す。すなわち，

$$h(n) = \begin{cases} \dfrac{n-1}{2} & n \text{ が奇数のとき} \\ \dfrac{n}{2} & n \text{ が偶数のとき} \end{cases}$$

である。

数列 $\{a_n\}$ を次の式
$$a_n = \sum_{k=0}^{h(n)} {}_{n-k}C_k = {}_nC_0 + {}_{n-1}C_1 + \cdots + {}_{n-h(n)}C_{h(n)}$$
$$(n \geq 1)$$
で定義するとき，次の問に答えよ。ただし，${}_nC_k$ は，相異なる n 個のものから k 個取り出す組み合わせの個数を表す。

(1) a_1，a_2，a_3，a_4，a_5 を求めよ。

(2) 整数 r，k $(0 < r < k)$ に対して次の等式の成り立つことを証明せよ。
$${}_{k-1}C_{r-1} + {}_{k-1}C_r = {}_kC_r$$

(3) n が偶数のとき，(2) の等式を利用して $a_{n-1} + a_n$ を a_{n+1} を用いて表せ。

(2007 中央大学)

(解答は 230 ページ)

5.3 カタラン数

今度はパスカルの三角形（144 ページ）の一番中央の数を眺めてみましょう。0 段目も含めて偶数段目には一番中央の数があり、順に、1, 2, 6, 20, 70, … となっています。これらの数はどのような法則で現れるのでしょうか。

偶数段目の中央の数なので、記号で書くと、${}_{2n}C_n$ です。$n = 0, 1, 2, 3, 4, \cdots$ とすると、1, 2, 6, 20, 70, … となります。これらの数だけを眺めて法則性を見出すのは難しいですが、実は次のようになっています。

$$1^2 = 1$$
$$1^2 + 1^2 = 2$$
$$1^2 + 2^2 + 1^2 = 6$$
$$1^2 + 3^2 + 3^2 + 1^2 = 20$$
$$1^2 + 4^2 + 6^2 + 4^2 + 1^2 = 70$$

1 はパスカルの三角形の 0 段目の数、1, 1 は 1 段目の数、1, 2, 1 は 2 段目の数、1, 3, 3, 1 は 3 段目の数、1, 4, 6, 4, 1 は 4 段目の数です。

つまり、${}_{2n}C_n$ はパスカルの三角形の n 段目の数の 2 乗の和になっているのです。

一般的に書くと、

$$({}_nC_0)^2 + ({}_nC_1)^2 + ({}_nC_2)^2 + \cdots + ({}_nC_n)^2 = {}_{2n}C_n$$

が成り立ちます。このことを $n \geq 1$ の場合について証明する問題が次の問題です。

n を正の整数とする。

$(1+x)^{2n} = (1+x)^n(1+x)^n$ の x^n の係数を比較することにより，

$$\sum_{k=0}^{n} ({}_n C_k)^2 = {}_{2n}C_n$$

を証明せよ。

(2008　名古屋市立大学)

証明の方針は $(1+x)^{2n} = (1+x)^n(1+x)^n$ の両辺の x^n の係数を比べます。

左辺の $(1+x)^{2n}$ の x^n の係数は ${}_{2n}C_n$ です。一方，

$(1+x)^n(1+x)^n$
$= ({}_nC_0 + {}_nC_1 x + {}_nC_2 x^2 + \cdots + {}_nC_n x^n)$
$\quad \times ({}_nC_0 + {}_nC_1 x + {}_nC_2 x^2 + \cdots + {}_nC_n x^n)$

で，この式の右辺を展開したときの x^n の係数は，

${}_nC_0 {}_nC_n + {}_nC_1 {}_nC_{n-1} + {}_nC_2 {}_nC_{n-2} + \cdots + {}_nC_n {}_nC_0$

です。${}_nC_r = {}_nC_{n-r}$ であることより，この式は，

$({}_nC_0)^2 + ({}_nC_1)^2 + ({}_nC_2)^2 + \cdots + ({}_nC_n)^2$

となり，両辺の x^n の係数を比較して，

$({}_nC_0)^2 + ({}_nC_1)^2 + ({}_nC_2)^2 + \cdots + ({}_nC_n)^2 = {}_{2n}C_n$

が得られ証明が完了します。これで名古屋市立大学の問題を終わります。

${}_{2n}C_n$ の大きさがどれくらいかという大きさの評価の問題があります。

第5章　パスカルの三角形からの展開

n を自然数とするとき，不等式，
$$2^n \leq {}_{2n}C_n \leq 4^n$$
が成り立つことを証明しなさい。

（2008　山口大学）

まず，${}_{2n}C_n \leq 4^n$ の証明には，二項定理を使います。

$$4^n = 2^{2n} = (1+1)^{2n} = \sum_{k=0}^{2n} {}_{2n}C_k \geq {}_{2n}C_n$$

これより，${}_{2n}C_n \leq 4^n$ がいえます。

次に $2^n \leq {}_{2n}C_n$ の証明をします。

$\dfrac{2n-k}{n-k} = 2 + \dfrac{k}{n-k} \geq 2$ であることから，

$$\begin{aligned}
{}_{2n}C_n &= \frac{2n}{n} \cdot \frac{2n-1}{n-1} \cdot \frac{2n-2}{n-2} \cdot \cdots \cdot \frac{n+2}{2} \cdot \frac{n+1}{1} \\
&\geq 2 \cdot 2 \cdot 2 \cdot \cdots \cdot 2 \cdot 2 = 2^n
\end{aligned}$$

となります。これで，山口大学の問題を終わります。

この不等式は素数分布の議論の中で使われています。他にも ${}_{2n}C_n$ は数論の意外なところに現れる数ですが，ここではそのうちの一つを紹介します。

${}_{2n}C_n$ $(n = 0, 1, 2, 3, \cdots)$ の値

　　1, 2, 6, 20, 70, 252, 924, 3432, $\cdots$

を順に 1, 2, 3, 4, 5, 6, 7, 8, $\cdots$ で割っていくと，

　　1, 1, 2, 5, 14, 42, 132, 429, $\cdots$

という数が得られます。この数を一般的に書くと，

$$\frac{{}_{2n}C_n}{n+1} = \frac{(2n)!}{n!(n+1)!}$$

となります。この数は**カタラン数**と呼ばれています。カタラン（1814-1894）はカタラン予想でも知られている数学者です。カタラン数は実にいろいろな問題の中で姿を現します。

例えば、円周上の $2n$ 個の点を交差しない弦で結ぶ方法は図4のようになり、それぞれ1通り、2通り、5通りありますが、1, 2, 5 はカタラン数です。

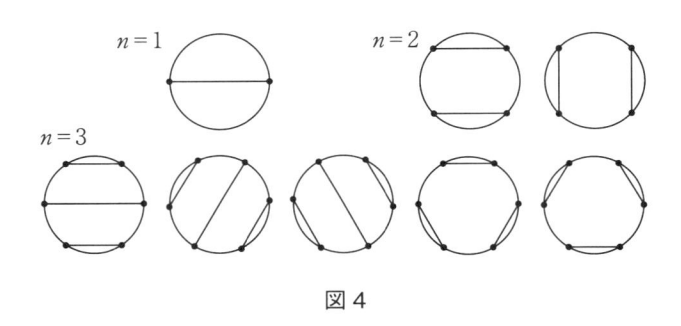

図4

多角形を n 個の三角形に分けるという問題にもカタラン数が現れます。

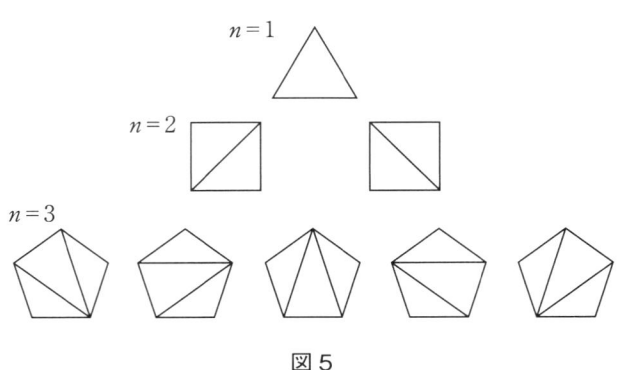

図5

第5章 パスカルの三角形からの展開

これも 1, 2, 5 となりカタラン数です。

5・4 フェルマーの小定理

パスカルの三角形で，2段目，3段目，5段目，7段目のように，n が素数のとき，n 段目の数についてどのようなことがいえるでしょうか。次の問題を見てください。

---

(1) p は素数，k は $0 < k < p$ である整数のとき，${}_p\mathrm{C}_k$ は p で割り切れることを示せ。${}_p\mathrm{C}_k$ は二項係数である。
(2) p が 2 より大きい素数のとき，$2^{p-1} - 1$ は p で割り切れることを示せ。

(2000 図書館情報大学)

---

(1) ですが，$0 < k < p$ のとき，

$$_p\mathrm{C}_k = \frac{p(p-1)(p-2)\cdots(p-k+1)}{k!}$$

で，右辺は当然整数なので分子を分母で約すことができます。しかし素数 p は約分されず分子に残るので，${}_p\mathrm{C}_k$ は p で割り切れます。

これで p が素数のとき，パスカルの三角形の p 段目の数は両端の 1 を除いてすべて素数 p の倍数になっていることがわかりました。

(2) を証明します。パスカルの三角形の p 段目の数の和は 2^p で (146 ページ)，両端の数 1 以外はすべて p で割り切れるので，$2^p - 2$ が p で割り切れることがわかります。$2^p - 2$ は偶数なので，$p > 2$ のとき，m を整数として $2^p - 2 = 2pm$

とおくことができます。この両辺を 2 で割ると $2^{p-1} - 1 = pm$ となって，p が 2 より大きい素数のとき，$2^{p-1} - 1$ は p で割り切れることがいえました。これで図書館情報大学の問題を終わります。

この結果を一般化して，自然数 n が p の倍数でないとき，$n^{p-1} - 1$ が p で割り切れることがいえます。次の問題を見てください。

---

p を素数とする。
（1）$q = 1$，…，$p - 1$ に対して，二項係数 ${}_p C_q$ は p で割り切れることを示せ。
（2）n，k を正の整数で $k \leq n$ とするとき，
$n^p - (n - k)^p - k$ が p で割り切れることを示せ。
（3）n が p の倍数でないとき，n^{p-1} を p で割った余りは 1 であることを示せ。

（1997　滋賀県立大学）

（1）は図書館情報大学の問題（1）（167 ページ）ですでに示した通りです。
（2）は $(n - k)^p$ を二項定理で展開します。
$$(n - k)^p$$
$$= n^p + {}_p C_1 n^{p-1}(-k) + {}_p C_2 n^{p-2}(-k)^2 + \cdots$$
$$+ {}_p C_{p-1} n(-k)^{p-1} + (-k)^p$$
となります。これより，
$$n^p - (n - k)^p - k$$
$$= -\{{}_p C_1 n^{p-1}(-k) + {}_p C_2 n^{p-2}(-k)^2 + \cdots$$
$$+ {}_p C_{p-1} n(-k)^{p-1}\} - (-k)^p - k$$

第 5 章　パスカルの三角形からの展開

となります。ここで { } の中は (1) より素数 p で割り切れるので，$-(-k)^p - k$ が p の倍数であれば証明が完了します。以下これを証明します。

まず，$p = 2$ のとき，
$$-(-k)^p - k = -k^2 - k = -k(k+1)$$
となります。$k(k+1)$ は連続する 2 整数の積なので 2 の倍数です。

$p \geqq 3$ のときについては，k に関する数学的帰納法で証明します。

$k = 1$ のとき，$-(-k)^p - k = 1 - 1 = 0$ となり，0 は p の倍数なので成り立ちます。

$k = \ell$ のとき，$-(-\ell)^p - \ell = \ell^p - \ell$ が p の倍数であると仮定します。このとき，
$$-\{-(\ell+1)\}^p - (\ell+1)$$
$$= (\ell+1)^p - (\ell+1)$$
$$= \ell^p + {}_p\mathrm{C}_1 \ell^{p-1} + {}_p\mathrm{C}_2 \ell^{p-2} + \cdots + {}_p\mathrm{C}_{p-1} \ell + 1 - (\ell+1)$$
$$= \ell^p - \ell + ({}_p\mathrm{C}_1 \ell^{p-1} + {}_p\mathrm{C}_2 \ell^{p-2} + \cdots + {}_p\mathrm{C}_{p-1} \ell)$$
となります。

(1) より，( ) の中は p の倍数，$\ell^p - \ell$ も仮定より p の倍数なので，$-\{-(\ell+1)\}^p - (\ell+1)$ は p の倍数になり，$k = \ell + 1$ の場合にも成り立ちます。したがって p が 3 以上の素数のとき，すべての k に対して $-(-k)^p - k$ は p の倍数になります。

以上より，$n^p - (n-k)^p - k$ が p で割り切れることが証明できました。

(3) は，(2) において $k = n$ とおくと，
$n^p - n = n(n^{p-1} - 1)$ が p で割り切れることがわかりま

す。そして，n が p の倍数でないことから，$n^{p-1}-1$ が p で割り切れます。したがって，n^{p-1} を p で割った余りは 1 となります。以上で，滋賀県立大学の問題が解けました。

（3）で示した性質は第 3 章で述べたフェルマーの定理に対して，**フェルマーの小定理**と呼ばれています。

5・5 オイラーの定理

パスカルの三角形からは離れてしまいますが，パスカルの三角形を利用してフェルマーの小定理を証明したので，この節では，フェルマーの小定理の一般化である**オイラーの定理**を紹介し，次節で現代の暗号理論である公開鍵暗号の話を簡単にしたいと思います。

まず，そのためには**オイラー関数**を知る必要があります。次の問題を見てください。

---

n を自然数とするとき，$m \leqq n$ で m と n の最大公約数が 1 となる自然数 m の個数を $f(n)$ とする。
（1）$f(15)$ を求めよ。
（2）p，q を互いに異なる素数とする。このとき $f(pq)$ を求めよ。

(2003　名古屋大学)

$f(n)$ がオイラー関数といわれている関数です。

（1）は具体的に数を書き出しましょう。15 と互いに素である数は，

　　1，2，4，7，8，11，13，14

の 8 個なので $f(15) = 8$ です。

（2）pq より小さい自然数の中で考えれば十分です。p の倍数は，

$$p, \ 2p, \ 3p, \ \cdots, \ (q-1)p$$

の $q-1$ 個です。そして q の倍数は，

$$q, \ 2q, \ 3q, \ \cdots, \ (p-1)q$$

の $p-1$ 個です。したがって，pq より小さい数で pq と互いに素である数は，$(pq-1) - (q-1) - (p-1)$
$= pq - p - q + 1 = (p-1)(q-1)$ 個あります。つまり，$f(pq) = (p-1)(q-1)$ です。これで名古屋大学の問題を終わります。

オイラー関数をよく知ってもらうために，また次節の話につなげるために，もう 1 題，オイラー関数の問題を考えましょう。

━━━━━━━━━━━━━━━━━━━━━━━━━━━━

N を自然数とし，$\phi(N)$ を N より小さくかつ N と互いに素な自然数の総数とする。すなわち，

$$\phi(N) = \#\{n \mid n \text{ は自然数}, \ 1 \leq n < N,$$
$$\gcd(N, \ n) = 1\}$$

で，オイラー関数と呼ばれている。ここに $\gcd(a, \ b)$ は a と b の最大公約数を，$\#A$ は集合 A の要素の総数を意味する。例えば，

$$\phi(6) = \#\{1, 5\} = 2,$$
$$\phi(15) = \#\{1, 2, 4, 7, 8, 11, 13, 14\} = 8$$

である。このとき以下の問いに答えよ。

（1）p と q を互いに異なる素数とし $N = pq$ とおく。

（i）N より小さい自然数 n で，$\gcd(N, \ n) \neq 1$ と

なるものを全て求めよ。

(ⅱ) $\phi(N)$ を求めよ。

(2) p と q を互いに異なる素数とし $N = pq$ とおく。今 N と $\phi(N)$ が**あらかじめわかっているとき**，p と q を解としてもつ二次方程式を N や $\phi(N)$ 等を用いて表せ。

(3) $N = 84773093$ および $\phi(N) = 84754668$ であるとき，$N = pq$ $(p > q)$ となる素数 p および q を求めよ（求めた p および q が素数であることを示さなくてよい）。

ただし，必要に応じて以下の数表を使ってもよい。

$320^2 = 102400$； $322^2 = 103684$； $324^2 = 104976$；
$326^2 = 106276$； $328^2 = 107584$； $330^2 = 108900$

(2006　横浜市立大学)

(1)は名古屋大学の問題(2)(170 ページ)で説明した通りです。

(2)は 2 次方程式の解と係数の関係を使って，方程式を作ります。$pq = N$ で，また，

$$\phi(N) = (p-1)(q-1) = pq - p - q + 1$$
$$= N - (p+q) + 1$$

であることから，

$$p + q = N + 1 - \phi(N)$$

なので，求める 2 次方程式は

$$x^2 - (N + 1 - \phi(N))x + N = 0$$

となります。

(3)は(2)で求めた 2 次方程式を解の公式で解きます。

$N = 84773093$，$\phi(N) = 84754668$ なので，2 次方程式は

$$x^2 - 18426x + 84773093 = 0$$
となり,
$$x = 9213 \pm \sqrt{9213^2 - 84773093} = 9213 \pm \sqrt{106276}$$
$$= 9213 \pm 326 = 8887,\ 9539$$
が得られます。$p > q$ としているので,$p = 9539$,$q = 8887$ となります。これで横浜市立大学の問題を終わります。

(3)は,N が 2 つの素因数をもっているとき,$\phi(N)$ の値がわかっていれば N の 2 つの素因数を求めることができるという問題です。しかし,N が大きい数であるとき,N の素因数を知らずに $\phi(N)$ の値を求めるのは難しく,普通は(1)のように N の素因数をもとにして $\phi(N)$ を求めます。

N が大きな自然数で,その素因数も大きいとき,N を素因数分解するのは簡単ではありません。単純な方法としては,$\sqrt{N}$ 未満の素数で順に割っていけばいいのですが,N が大きい場合はコンピュータといえども膨大な時間がかかるのです。

この素因数分解の難しさが,現代の暗号のセキュリティを保証しています。このことを次節で見てみましょう。そのために,オイラーの定理を説明しておく必要があります。

フェルマーの小定理は,
「n が素数 p の倍数でないとき,n^{p-1} を p で割った余りは 1 である」
という定理でした。$\phi(p)$ は,p より小さく p と互いに素な数の個数なので,$p-1$ です。したがって,フェルマーの小定理の指数 $p-1$ は $\phi(p)$ です。オイラーは,この指数を一般に $\phi(N)$ でおきかえた次の定理を証明しました。
「自然数 a を自然数 N と互いに素な数とするとき,$a^{\phi(N)}$

を N で割った余りは 1 である」

これをオイラーの定理と呼びます。このオイラーの定理を N が 2 つの素数 p, q の積の場合,つまり $N = pq$ の場合について証明してみましょう。

$N = pq$ より,$\phi(N) = (p-1)(q-1)$ が得られます。証明には次の事実を使います。一般に自然数 m を素数 p で割った余りが r で,素数 q で割った余りも r であるとき,m を積 pq で割った余りも r となります。なぜなら,$m - r$ は p と q のどちらでも割り切れるので,pq で割り切れます。したがって m を pq で割った余りは r です。この事実とフェルマーの小定理を使えば証明ができます。

フェルマーの小定理より,a^{p-1} を p で割った余りは 1 なので,$a^{\phi(N)} = (a^{p-1})^{q-1}$ を p で割った余りも 1 になります。p で割って 1 余る数を何乗しても,p で割ると 1 余るからです。同様に $a^{\phi(N)} = (a^{q-1})^{p-1}$ を q で割った余りも 1 です。したがって,$a^{\phi(N)}$ を pq で割った余りは 1 となり,$N = pq$ の場合について,オイラーの定理が証明できました。

5・6 暗号

この節では暗号について述べます。まず,私たちがふだん使っている 4 桁の暗証番号についての問題です。

銀行の ATM(自動金銭出納機械)を利用する際に用いる暗証番号はセキュリティを守るために重要である。0 〜 9 の数字を用いた 4 桁の暗証番号に関して,次の問いに答えよ。

第 5 章　パスカルの三角形からの展開

（1）使える暗証番号は全部で何通りあるか。
（2）2 桁ずつ同じパターンの繰り返し（<u>11</u><u>11</u>, <u>12</u><u>12</u>, <u>36</u><u>36</u>, …）は暗証番号としてふさわしくない。このような暗証番号は何通りあるか。
（3）同じ数字が並ぶ（70<u>11</u>, <u>12</u>23, 54<u>99</u>, …）ことも暗証番号としてふさわしくない。3 つの異なる数字が使われ、そのうちのひとつの数字が並ぶような暗証番号は何通りあるか。
（4）同じ数字が含まれる暗証番号は全部で何通りあるか。
（5）数字がすべて異なっても、数字が連続（<u>1234</u>, <u>5432</u>, …）することは暗証番号としてふさわしくない。4 個の数字が連続するような暗証番号は何通りあるか。ただし、<u>2109</u>, <u>9012</u>, … なども連続と考える。

（**2006　千葉科学大学**）

━━━━━━━━━━━━━━━━━━━━━━━━

　問題としてはふつうの順列、組合せの問題です。
（1）どの桁も 10 個の数字のいずれでもいいので、$10^4 = 10000$ 通りになります。
（2）2 桁分の数が決まればいいので、$10^2 = 100$ 通りあります。
（3）まず 3 つの異なる数字を用いた 3 桁の数は、${}_{10}P_3 = 10 \cdot 9 \cdot 8 = 720$ 通りあって、その各々について同じ数字が並ぶのは 3 通りずつあるので、$720 \times 3 = 2160$ 通りあります。
（4）4 つの数字がすべて異なるのは ${}_{10}P_4 = 5040$ 通りなので、同じ数字が含まれるのは $10000 - 5040 = 4960$ 通りになります。
（5）0 から 9 までの数字を円形に並べて連続する 4 数を選

べばよいので，その数の最初の数の選び方が 10 通りで，右回りか左回りかで 2 通りずつあるので，$10 \times 2 = 20$ 通りになります。これで千葉科学大学の問題を終わります。

次に**公開鍵暗号**について述べます。現代の情報社会では，暗号は情報のセキュリティのためになくてはならないものです。

相手に伝えたいメッセージを暗号として送り，それを相手に解読してもらうためには，暗号を作った方法，つまり暗号鍵も相手に伝えなければなりません。しかしこの鍵を第三者に知られると，暗号文が他の人に読まれてしまいます。だから暗号鍵をどう秘密にするか，どう相手に伝えるかということが重要な問題でした。

1970 年代に暗号の世界に画期的な発見が起こります。それが公開鍵暗号です。ひと言でいうと，暗号を作る鍵と，暗号を復元する鍵を別のものにすることができるというものです。以下，具体的に説明します。

いま A さんが暗号を受け取る立場にあるとします。A さんは，大きな自然数 N を用意します。この自然数の素因数は A さんだけが知っていて他の人は誰も知らないものです。N が 100 桁をこえるような大きな素数の積になっている場合は，スーパーコンピュータでも素因数分解をするのは困難です。ここではそんなに大きな数を扱うことはできないので，前節の横浜市立大学の問題（171 ページ）の数値を利用しましょう。

以下のような手順で暗号化，復号化ができます。
① A さんは 2 つの大きな素数 $p = 9539$ と $q = 8887$ を用意します。そして，これらの素数を掛け合わせて，

第5章 パスカルの三角形からの展開

$N = pq = 84773093$ を得ます。

②次に,オイラー関数の値を計算します。オイラー関数 $\phi(N)$ は $(p-1)(q-1) = 9538 \cdot 8886 = 84754668$ となりますが,これは N の素因数を知っているAさんしか計算ができません。

③Aさんは $\phi(N)$ と互いに素な自然数 n を用意します。n は $\phi(N)$ と互いに素でありさえすれば,どんな数でもかまいません。ここでは $n = 131819 = 193 \cdot 683$ とします。この数は $\phi(N) = 2^2 \cdot 3 \cdot 19 \cdot 251 \cdot 1481$ と互いに素です。

④Aさんは2数 N と n を公開します。自分にメッセージを送る場合はこの数を使って暗号化してほしいというわけです。これが公開鍵で,暗号化する鍵になります。

⑤Aさんにメッセージを送りたい人をBさんとします。Bさんは公開されている N と n を使って,次のようにメッセージを暗号化します。

⑥BさんはLOVEというメッセージを送りたいとしましょう。まず,メッセージを数字化します。誰にでもわかる単純なルールで数字化すればよく,例えば,アルファベット順に,Aに11,Bに12,…,Zに36を対応させてLOVEを数字化すると,$a = 22253215$ という自然数が得られます。このとき $a < N$ であることが必要です。大きい数になる場合はメッセージを分割すればいいわけです。もちろんこの数 a は暗号文ではなく,単にメッセージを数字化したものです。Bさんは公開されている N と n を使って,$a^n \div N = 22253215^{131819} \div 84773093$ を計算し,その余り $r = 12417828$ を求めます。これらの計算はコンピュータでなければできず,またコンピュータで高速に計算する工夫もされ

ています。この自然数 r が暗号文です。これを A さんに送ります。r と N と n の値からは a の値を求めることはできません。

⑦A さんは,受け取った暗号文 r をどのように復元するかということですが,まず,

$ns \div \phi(N) = 131819s \div 84754668$ の余りが 1 となる自然数 $s = 30021203$ を求めます。このような自然数 s が必ず存在するためには n が $\phi(N)$ と互いに素である必要があったのです。このことは一般に,自然数 a と m が互いに素であるとき,$ax \div m$ の余りが 1 となる自然数 x が存在するという数論の性質からきています。もちろんこの自然数 s は,$\phi(N)$ を知っている A さんしか計算できません。この s が復元鍵で,A さんだけが知っているものです。

⑧A さんは s を使って,

$r^s \div N = 12417828^{30021203} \div 84773093$ を計算すると,実はこの余りが $a = 22253215$ になり,メッセージ LOVE を読み取ることができるという仕組みです。

では,$r^s \div N$ の余りとしてなぜ a が出てくるのか,その理由を説明しましょう。

r は $a^n \div N$ の余りでした。この商を b とすると,$a^n = bN + r$ と書くことができます。したがって,

$$r^s = (a^n - bN)^s = \sum_{k=0}^{s} {}_sC_k (a^n)^{s-k}(-bN)^k$$

と計算できます。最後の等式は二項定理を使って展開しています。この展開式で,$k = 0$ の場合の $(a^n)^s$ 以外の項はすべて N の倍数です。よって,r^s を N で割った余りは $(a^n)^s$ を N で割った余りに等しくなります。また $ns \div \phi(N)$ の

余りが 1 だったので，商を c とすると，$ns = c\phi(N) + 1$ と書くことができます。

これより $(a^n)^s = a^{ns} = a^{c\phi(N)+1} = (a^{\phi(N)})^c \cdot a$ となり，オイラーの定理より，$a^{\phi(N)}$ を N で割った余りは 1 なので $(a^{\phi(N)})^c$ を N で割った余りも 1 です。したがって，$(a^n)^s = (a^{\phi(N)})^c \cdot a$ を N で割った余りは $1 \cdot a = a$ となります。ここでオイラーの定理を使う条件として，a が N と互いに素でなければならないのですが，メッセージを数字化したときに，その自然数 a が N の素因数 8887 あるいは 9539 を素因数にもつという偶然はまず起こらないので，上の計算で復元できるのです。

フェルマーの小定理を拡張したオイラーの定理に，公開鍵暗号を可能にする応用があったことは思いがけない事実です。「数論は数学の女王である」ということばがあるように，数論のためには他のいろいろな数学が必要ですが，数論自体は応用がないというのがこれまでの常識でした。しかし，現在では様子が全く変わってきています。今や暗号理論や符号理論など，さまざまな応用分野に数論が本質的に関わっているのです。

第6章

単位分数

エジプト数学からの贈り物

単位分数とは，分子が 1 の分数のことをいいます。単位分数というと，簡単な対象のように思えますが，素朴でありながら，興味深い問題があり，また未解決の問題も数多くあるテーマです。

6・1 単位分数で表す

古代バビロニアでは位取りを使った 60 進法の小数表記があり，これを利用して様々な計算が行われていました。

古代エジプトでは小数表記がなく，その代わりに単位分数が使われていました。このため単位分数は**エジプト分数**と呼ばれることがあります。

例えば，$\frac{17}{28}$ を $\frac{1}{2} + \frac{1}{14} + \frac{1}{28}$ のように表記して計算をしていました。どうしてこのような不便な単位分数を使っていたのかについては，いろいろな説があります。

では，どんな有理数も単位分数を使って表せるのでしょうか。例えば，

$$1 = \frac{1}{3} + \frac{1}{3} + \frac{1}{3}, \quad \frac{3}{5} = \frac{1}{5} + \frac{1}{5} + \frac{1}{5}$$

のように，同じ分数の和をとれば可能であることは明らかです。しかし，異なる単位分数の和として書けるか，ということであればどうでしょうか。

これに関する問題が次の問題です。

第6章 単位分数

与えられた分数 $\dfrac{a}{b}$ (a, b は $a < b$ なる自然数)を相異なる単位分数(分子が1である分数)の和

$$\frac{a}{b} = \frac{1}{n_1} + \frac{1}{n_2} + \cdots + \frac{1}{n_k}$$

(n_1, n_2, $\cdots$, n_k は $1 < n_1 < n_2 < \cdots < n_k$ をみたす自然数)

として表したときの n_1, n_2, $\cdots$, n_k を表示したい。

(1)「その数を超えない単位分数のうちの最大のものを引く」という操作を繰り返していくという考え方で,$\dfrac{3}{7}$ と $\dfrac{12}{13}$ のそれぞれを相異なる単位分数の和として表せ。

(2)省略

(2003　愛知教育大学)

(1)を解きましょう。まず,$\dfrac{3}{7}$ を計算します。

$\dfrac{1}{3} < \dfrac{3}{7} < \dfrac{1}{2}$ より,$\dfrac{3}{7} - \dfrac{1}{3} = \dfrac{2}{21}$ です。さらに,$\dfrac{1}{11} < \dfrac{2}{21} < \dfrac{1}{10}$ より,$\dfrac{2}{21} - \dfrac{1}{11} = \dfrac{1}{231}$ となって単位分数になります。したがって,$\dfrac{3}{7} = \dfrac{1}{3} + \dfrac{1}{11} + \dfrac{1}{231}$ となります。

次に,$\dfrac{12}{13}$ を計算します。

$\dfrac{1}{2} < \dfrac{12}{13} < \dfrac{1}{1}$ より，$\dfrac{12}{13} - \dfrac{1}{2} = \dfrac{11}{26}$，

$\dfrac{1}{3} < \dfrac{11}{26} < \dfrac{1}{2}$ より，$\dfrac{11}{26} - \dfrac{1}{3} = \dfrac{7}{78}$，

$\dfrac{1}{12} < \dfrac{7}{78} < \dfrac{1}{11}$ より，$\dfrac{7}{78} - \dfrac{1}{12} = \dfrac{1}{156}$

となるので，$\dfrac{12}{13} = \dfrac{1}{2} + \dfrac{1}{3} + \dfrac{1}{12} + \dfrac{1}{156}$ となります。これで愛知教育大学の問題を終わります。

この(1)の考え方を使って，任意の有理数が異なる単位分数の和として書けることが示せます。

証明は(1)で行った計算をそのまま一般的に行えばできます。

いま $\dfrac{a}{b}$ $(a < b)$ が単位分数でないとすると，

$\dfrac{1}{n_1} < \dfrac{a}{b} < \dfrac{1}{n_1 - 1}$ を満たす自然数 n_1 (> 1) が存在します。$\dfrac{a}{b} - \dfrac{1}{n_1} = \dfrac{an_1 - b}{bn_1}$ で $an_1 - b < a$ です。なぜなら，

$\dfrac{a}{b} < \dfrac{1}{n_1 - 1}$ より，$a(n_1 - 1) < b$，これより，

$an_1 - b < a$ となるからです。ここで，$\dfrac{an_1 - b}{bn_1} = \dfrac{a_1}{b_1}$ とおくと，$\dfrac{a}{b} = \dfrac{1}{n_1} + \dfrac{a_1}{b_1}$ $(a_1 < a)$ となります。$a_1 > 1$ なら，さらに $\dfrac{1}{n_2} < \dfrac{a_1}{b_1} < \dfrac{1}{n_2 - 1}$ を満たす自然数 n_2 が存在して，$\dfrac{a_1}{b_1} - \dfrac{1}{n_2} = \dfrac{a_2}{b_2}$ とおくと，$\dfrac{a_1}{b_1} = \dfrac{1}{n_2} + \dfrac{a_2}{b_2}$，$a_2 < a_1$

第6章　単位分数

です。$a_2 > 1$なら同じ計算を繰り返して，$\dfrac{a_3}{b_3}$，$\dfrac{a_4}{b_4}$，… を求めていくと，$a > a_1 > a_2 > \cdots > 0$なので，ある$r$に対して$a_r = 1$となります。したがって，

$$\dfrac{a}{b} = \dfrac{1}{n_1} + \dfrac{1}{n_2} + \cdots + \dfrac{1}{n_r} + \dfrac{a_r}{b_r}$$

$$= \dfrac{1}{n_1} + \dfrac{1}{n_2} + \cdots + \dfrac{1}{n_r} + \dfrac{1}{b_r}$$

となり，n_1，n_2，n_3，…，n_r，b_rはすべて異なるので，$\dfrac{a}{b}$は異なる単位分数の和として書けることになります。

6・2　2つの単位分数の和

この節では，1より小さい有理数を2つの単位分数の和で表すことを考えます。前節で1より小さいどんな有理数も異なる単位分数の和で表せることを見ましたが，単位分数の個数が限定されたときはどうでしょうか。

次の問題を見てください。

---

pを素数とする。x，yに関する方程式$\dfrac{1}{x} + \dfrac{1}{y} = \dfrac{1}{p}$を満たす正の整数の組$(x, y)$をすべて求めよ。

（2009　お茶の水女子大学）

まずこの問題を解きます。

方程式$\dfrac{1}{x} + \dfrac{1}{y} = \dfrac{1}{p}$の分母を払って整理すると，

$xy - px - py = 0$ となります。整数問題では，方程式を $ab = n$ の形に変形して，かけて n になる a，b の値の組を求めるという方針で問題を解きます。

$x(y - p) - p(y - p) - p^2 = 0$ と変形して，$(x - p)(y - p) = p^2$ とします。$x - p$，$y - p$ の値の範囲を求めると，x，y は正の整数なので，$x \geqq 1$，$y \geqq 1$ で，両辺から p を引くと $x - p \geqq 1 - p$，$y - p \geqq 1 - p$ となります。したがって，方程式を満たす組み合わせは $(x - p, y - p) = (1, p^2)$，$(p, p)$，$(p^2, 1)$ となり，これより，
$$(x, y) = (p + 1, p^2 + p), (2p, 2p),$$
$$(p^2 + p, p + 1)$$
となります。これでお茶の水女子大学の問題が解けました。

この問題から $\dfrac{1}{p}$ は $\dfrac{1}{p + 1} + \dfrac{1}{p^2 + p}$ のように，2 つの異なる単位分数の和として書けることがわかります。

素数 p でなくても，2 以上の任意の自然数 n でも同様にいえることは解法からわかります。

$(x - p)(y - p) = p^2$ の代わりに $(x - n)(y - n) = n^2$ となり，例えば，$(x - n, y - n) = (1, n^2)$ のとき $(x, y) = (n + 1, n^2 + n)$ だから，$n \geqq 2$ なら $\dfrac{1}{n}$ を異なる 2 つの単位分数の和で書くことができます。

では，分子を 2 にして，$\dfrac{2}{n} = \dfrac{1}{x} + \dfrac{1}{y}$ ではどうでしょうか。同じように変形すると，$(2x - n)(2y - n) = n^2$ となり，$n = 1$ のときは $x = y = 1$，$n = 2$ のときは $x = y = 2$

の解が存在しますが,異なる解は存在しません。

しかし,$n \geq 3$ なら $\dfrac{2}{n}$ を異なる2つの単位分数の和で表せることがいえます。次の問題を見てください。

━━━━━━━━━━━━━━━━━━━━━━━━━━━━━━

次の命題Aについて以下の問に答えよ。

命題A:「3以上の自然数 n に対し,$\dfrac{2}{n} = \dfrac{1}{a} + \dfrac{1}{b}$ かつ $0 < a < b$ となる自然数 a,b が存在する」

(1)恒等式 $\dfrac{1}{x} - \dfrac{1}{x+1} = \dfrac{1}{x(x+1)}$ を使って,n が4以上の偶数のとき命題Aが成立することを示せ。

(2)$n = 3$,5,7 のとき上の命題Aが成立することを示せ。

(3)n が3以上の奇数のとき命題Aが成立することを示せ。

(1999 津田塾大学)

━━━━━━━━━━━━━━━━━━━━━━━━━━━━━━

まず(1)を解きます。$\dfrac{1}{x} - \dfrac{1}{x+1} = \dfrac{1}{x(x+1)}$ より,

$\dfrac{2}{2x} = \dfrac{1}{x+1} + \dfrac{1}{x(x+1)}$ となります。

ここで,x を自然数として,$2x = n$,$x + 1 = a$,$x(x+1) = b$ とおくと,$\dfrac{2}{n} = \dfrac{1}{a} + \dfrac{1}{b}$ で,n は偶数,a,b は自然数で,$n \geq 4$ より $x \geq 2$ なので,$a < b$ となり,命題Aが n が4以上の偶数のときにいえました。

次に（2）です。$\dfrac{2}{n} = \dfrac{1}{a} + \dfrac{1}{b}$ の分母を払って整理すると，$2ab - na - nb = 0$，これを変形して，
$$(2a - n)(2b - n) = n^2 \quad \cdots\cdots ①$$
となります。

$n = 3$ のとき，方程式①は $(2a - 3)(2b - 3) = 9$ となり，この解をすべて求めることはできますが，ここでは $a < b$ となる自然数の解があることを示せばよいので，その解だけを 1 つ求めます。$(2a - 3, 2b - 3) = (1, 9)$ のとき，$(a, b) = (2, 6)$ となり，命題 A が成り立ちます。

$n = 5$ のとき，方程式①は $(2a - 5)(2b - 5) = 25$ で，$(2a - 5, 2b - 5) = (1, 25)$ のとき，$(a, b) = (3, 15)$ となり，命題 A が成り立ちます。

$n = 7$ のとき，方程式①は $(2a - 7)(2b - 7) = 49$ で，$(2a - 7, 2b - 7) = (1, 49)$ のとき，$(a, b) = (4, 28)$ となり，命題 A が成り立ちます。

（3）は，（2）の計算と同様の計算を一般的にすればできます。

$n = 2k + 1\ (k = 1, 2, 3, \cdots)$ とおくと，方程式①は
$$\{2a - (2k + 1)\}\{2b - (2k + 1)\} = (2k + 1)^2$$
となり，
$$(2a - (2k + 1),\ 2b - (2k + 1)) = (1,\ (2k + 1)^2)$$
のとき，$(a, b) = (k + 1,\ (k + 1)(2k + 1))$ となって，$k \geqq 1$ のとき，$a < b$ となるので命題 A が成り立ちます。以上で津田塾大学の問題が解けました。

この問題を解いてわかるように，$\dfrac{2}{n} = \dfrac{1}{a} + \dfrac{1}{b}$ のように

左辺の分子が2になっただけで,一見簡単そうな方程式でも,すべての n ($n \geqq 3$) に対して解が存在することをいうのは見かけほどやさしくはありません。

$\dfrac{2}{n}$ ($n \geqq 3$) は,この問題より異なる2つの単位分数の和で書けることがわかりました。しかし,どんな有理数でも異なる2つの単位分数の和で書けるかというと,そうではありません。

例えば $\dfrac{3}{7} = \dfrac{1}{x} + \dfrac{1}{y}$ には自然数の解は存在しません。なぜなら,この方程式を変形すると,$(3x-7)(3y-7) = 49$ となり,$(3x-7, 3y-7) = (1, 49), (7, 7), (49, 1)$ となるのでこれを満たす自然数の解 (x, y) は存在しないからです。

津田塾大学の問題(1)で与えられている恒等式
$$\dfrac{1}{x} = \dfrac{1}{x+1} + \dfrac{1}{x(x+1)}$$
は単位分数を2つの単位分数で表す式となっているので,2つの単位分数の和で書ける分数は3つ,4つ,…の単位分数で書くことができます。例えば,$\dfrac{2}{7} = \dfrac{1}{4} + \dfrac{1}{28}$ ですが,上の恒等式より $\dfrac{1}{4} = \dfrac{1}{5} + \dfrac{1}{20}$ がいえるので,

$\dfrac{2}{7} = \dfrac{1}{5} + \dfrac{1}{20} + \dfrac{1}{28}$ と書き直すことができます。

6·3　3つの単位分数の和

今度は3つの単位分数の和を考えます。まず，次の問題を見てください。この問題は有理数 $\frac{4}{3}$ を3つの単位分数の和で表す問題です。

方程式 $\dfrac{1}{x} + \dfrac{1}{2y} + \dfrac{1}{3z} = \dfrac{4}{3}$ ……① を満たす正の整数の組 (x, y, z) について考える。

(1) $x = 1$ のとき，正の整数 y，z の組をすべて求めよ。
(2) x のとりうる値の範囲を求めよ。
(3) 方程式①を解け。

(2005　早稲田大学)

これもまず解きましょう。

(1)は，$x = 1$ のとき，方程式は $1 + \dfrac{1}{2y} + \dfrac{1}{3z} = \dfrac{4}{3}$ で，分母を払って整理すると，$2yz - 2y - 3z = 0$，これより $(2y - 3)(z - 1) = 3$ が得られます。

$y \geqq 1$，$z \geqq 1$ より，$2y - 3 \geqq -1$，$z - 1 \geqq 0$ なので，$(2y - 3, z - 1) = (1, 3), (3, 1)$ で，これより，$(y, z) = (2, 4), (3, 2)$ となります。

次に(2)を解きます。①より，

$\dfrac{4}{3} - \dfrac{1}{x} = \dfrac{1}{2y} + \dfrac{1}{3z}$ で，$y \geqq 1$，$z \geqq 1$ だから，

$\dfrac{4}{3} - \dfrac{1}{x} \leqq \dfrac{1}{2} + \dfrac{1}{3} = \dfrac{5}{6}$ となり，$\dfrac{1}{2} \leqq \dfrac{1}{x}$，よって $1 \leqq x \leqq 2$ となります。

（3）ですが，（2）の結果より，$x = 1$, 2 です。$x = 1$ のときは，（1）で解いた通りです。$x = 2$ のときは（2）での計算の不等式の等号が成り立つ場合なので，$y = z = 1$ です。したがって，求める解は $(x, y, z) = (1, 2, 4)$, $(1, 3, 2)$, $(2, 1, 1)$ となります。これで，早稲田大学の問題が解けました。

この問題の方程式は，$x = X$，$2y = Y$，$3z = Z$ とおくと $\dfrac{4}{3} = \dfrac{1}{X} + \dfrac{1}{Y} + \dfrac{1}{Z}$ となります。そしてこの方程式は早稲田大学の問題より解があることがわかりました。

では，分母を任意の自然数 N として，$\dfrac{4}{N}$ がいつでも3つの単位分数の和として書けるかという問題ですが，これは $\dfrac{2}{N} = \dfrac{1}{X} + \dfrac{1}{Y}$ のときのようにはいかず，実は未解決の問題なのです。

1948 年，エルデシュとシュトラウスの 2 人の数学者が $N > 1$ のとき，$\dfrac{4}{N} = \dfrac{1}{X} + \dfrac{1}{Y} + \dfrac{1}{Z}$ はいつでも自然数の解をもつことを予想しました。これを**エルデシュ・シュトラウスの予想**といい，未だに解決されていません。もちろん，コンピュータでかなり大きな自然数 N まで成り立つことが確認されています。また，ある種の N に対して成り立つことが証明できます。

例えば N が偶数の場合に対して成り立つことが証明でき

ます。6·2 節の津田塾大学の問題（187 ページ）で $n \geqq 3$ の自然数に対して $\frac{2}{n} = \frac{1}{x} + \frac{1}{y}$ となる自然数 x, y が存在することを示しましたが，$\frac{2}{n} = \frac{4}{2n}$ なので，$2n = N$ とおき，6·2 節の最後に述べたように $\frac{1}{x} = \frac{1}{x+1} + \frac{1}{x(x+1)}$ を使うと $\frac{4}{N} = \frac{1}{x} + \frac{1}{y} = \frac{1}{x+1} + \frac{1}{x(x+1)} + \frac{1}{y}$ となり，3 つの単位分数の和で表されています。他にもいろいろな種類の N に対して成り立つことがわかっていますが，すべての自然数 N について成り立つかどうかはわかっていません。

この問題のように，一見簡単そうに見える単位分数の問題にも未解決の問題が数多くあります。

6·4 1 の分解

この節では，1 を単位分数の和として表す問題を考えましょう。次の問題を見てください。

方程式 $\frac{1}{n_1} + \frac{1}{n_2} + \frac{1}{n_3} + \frac{1}{n_4} = 1$

を満たす正整数の組 (n_1, n_2, n_3, n_4)（ただし，$n_1 \leqq n_2 \leqq n_3 \leqq n_4$）をすべて決定しよう。

まず，n_1 の最小値は ネ であり最大値は ノ である。

$n_1 = $ ネ のとき，n_2 の最小値は ハ であり最大値は ヒ である。

第 6 章　単位分数

$(n_1, n_2) = (\boxed{ネ}, \boxed{ハ})$ のとき，条件をみたす (n_3, n_4) の組は $\boxed{フ}$ 組あり，$(n_1, n_2) = (\boxed{ネ}, \boxed{ハ}+1)$ のときは $\boxed{ヘ}$ 組ある。

こうして数えていくと，結局全部で $\boxed{ホ}$ 組の解があることがわかる。

(1999　上智大学)

━━━━━━━━━━━━━━━━━━━━━━━━━━━━━━

まず，n_1 の範囲を求めます。

$n_1 \leq n_2 \leq n_3 \leq n_4$ だから，

$$1 = \frac{1}{n_1} + \frac{1}{n_2} + \frac{1}{n_3} + \frac{1}{n_4}$$
$$\leq \frac{1}{n_1} + \frac{1}{n_1} + \frac{1}{n_1} + \frac{1}{n_1} = \frac{4}{n_1}$$

これより，$1 \leq \dfrac{4}{n_1}$，つまり $n_1 \leq 4$ が得られます。また $\dfrac{1}{n_1} < 1$ より $n_1 > 1$ なので，$2 \leq n_1 \leq 4$ となります。

以下すべての解を求めます。

(1) $n_1 = 2$ のとき，まず n_2 の範囲を求めます。

$\dfrac{1}{n_2} + \dfrac{1}{n_3} + \dfrac{1}{n_4} = \dfrac{1}{2}$，よって

$\dfrac{1}{2} \leq \dfrac{1}{n_2} + \dfrac{1}{n_2} + \dfrac{1}{n_2} = \dfrac{3}{n_2}$ より，$\dfrac{1}{2} \leq \dfrac{3}{n_2}$，$n_2 \leq 6$ となります。また $\dfrac{1}{n_2} < \dfrac{1}{2}$ より，$n_2 > 2$ なので，$3 \leq n_2 \leq 6$ となります。

(i) $n_2 = 3$ のとき，

$\dfrac{1}{n_3}+\dfrac{1}{n_4}=\dfrac{1}{6}$,これより $n_3 n_4 - 6n_3 - 6n_4 = 0$,
$(n_3 - 6)(n_4 - 6) = 36$ となり,$3 \leqq n_3 \leqq n_4$ より
$-3 \leqq n_3 - 6 \leqq n_4 - 6$ だから,
$(n_3 - 6,\ n_4 - 6) = (1,\ 36),\ (2,\ 18),\ (3,\ 12),\ (4,\ 9),$
$(6,\ 6)$,よって,$(n_3,\ n_4) = (7,\ 42),\ (8,\ 24),\ (9,\ 18),$
$(10,\ 15),\ (12,\ 12)$ の 5 組の解が求まります。

(ii) $n_2 = 4$ のとき,

$\dfrac{1}{n_3}+\dfrac{1}{n_4}=\dfrac{1}{4}$,これより $n_3 n_4 - 4n_3 - 4n_4 = 0$,
$(n_3 - 4)(n_4 - 4) = 16$ となり,$4 \leqq n_3 \leqq n_4$ より
$0 \leqq n_3 - 4 \leqq n_4 - 4$ だから,
$(n_3 - 4,\ n_4 - 4) = (1,\ 16),\ (2,\ 8),\ (4,\ 4)$,よって,
$(n_3,\ n_4) = (5,\ 20),\ (6,\ 12),\ (8,\ 8)$ の 3 組の解が求まります。

(iii) $n_2 = 5$ のとき,

$\dfrac{1}{n_3}+\dfrac{1}{n_4}=\dfrac{3}{10}$,これより $3n_3 n_4 - 10n_3 - 10n_4 = 0$,
$(3n_3 - 10)(3n_4 - 10) = 100$ となり,$5 \leqq n_3 \leqq n_4$ より
$5 \leqq 3n_3 - 10 \leqq 3n_4 - 10$ だから,
$(3n_3 - 10,\ 3n_4 - 10) = (5,\ 20),\ (10,\ 10)$ となりますが,
$n_3,\ n_4$ が自然数になるのは,$(n_3,\ n_4) = (5,\ 10)$ の 1 組だけです。

(iv) $n_2 = 6$ のとき,

$\dfrac{1}{n_3}+\dfrac{1}{n_4}=\dfrac{1}{3}$,これより $n_3 n_4 - 3n_3 - 3n_4 = 0$,
$(n_3 - 3)(n_4 - 3) = 9$ となり,$6 \leqq n_3 \leqq n_4$ より

$3 \leqq n_3 - 3 \leqq n_4 - 3$ だから，$(n_3 - 3, n_4 - 3) = (3, 3)$，よって $(n_3, n_4) = (6, 6)$ の1組の解が求まります。

（2）$n_1 = 3$ のときも，$n_1 = 2$ のときと全く同様にして求めることができます。n_2 の範囲を求めると，$3 \leqq n_2 \leqq 4$ が得られます。そして，

（ⅰ）$n_2 = 3$ のときは自然数の解は $(n_3, n_4) = (4, 12)$，$(6, 6)$ の2組あります。

（ⅱ）$n_2 = 4$ のときは自然数の解は $(n_3, n_4) = (4, 6)$ の1組です。

（3）$n_1 = 4$ のときも同様にできますが，$n_1 \leqq n_2 \leqq n_3 \leqq n_4$ で等号が成り立つ場合なので，解は $(n_2, n_3, n_4) = (4, 4, 4)$ の1組です。

以上の議論より，n_1 の最小値は2，最大値は4，$n_1 = 2$ のとき，n_2 の最小値は3であり最大値は6です。

$(n_1, n_2) = (2, 3)$ のとき，条件を満たす (n_3, n_4) の組は5組で，$(n_1, n_2) = (2, 3+1) = (2, 4)$ のとき，条件を満たす組は3組で，解は全部で14組あります。これで上智大学の問題が解けました。

この問題より，1は14通りの方法で4つの単位分数の和で書けることがわかりました。

1を単位分数の和として表すということは単純なことのようですが，ここにも未解決の問題があります。上智大学の問題で，$n_1 < n_2 < n_3 < n_4$ を満たす解は，

$(2, 3, 7, 42)$，$(2, 3, 8, 24)$，$(2, 3, 9, 18)$，
$(2, 3, 10, 15)$，$(2, 4, 5, 20)$，$(2, 4, 6, 12)$

の6個です。この方程式 $\dfrac{1}{n_1} + \dfrac{1}{n_2} + \dfrac{1}{n_3} + \dfrac{1}{n_4} = 1$ の

分母 n_4 の最小値は上の解を見ると 12 です。

自然数 $n_1 < n_2 < n_3 < \cdots$ に対し,
$$\frac{1}{n_1} + \frac{1}{n_2} + \frac{1}{n_3} + \cdots + \frac{1}{n_t} = 1$$
となるとき,分母の最大値である n_t は単位分数の個数 t によっていろいろな値をとります。その最小値を $m(t)$ と書くと,上で見たように $m(4) = 12$ です。

また,$m(3) = 6$,$m(12) = 30$ となることがわかっています。エルデシュとグラハム(1935-2020)は単位分数の個数 t に無関係な定数 c が存在して,$m(t) < ct$ となるかという問題を提出しました。

他の未解決の問題としてエルデシュは,
$$\frac{1}{n_1} + \frac{1}{n_2} + \frac{1}{n_3} + \cdots + \frac{1}{n_t} = 1$$
$$(n_1 < n_2 < n_3 < \cdots < n_t)$$
で t が固定されているとき,n_1 の最大値は何か,また t が変動するとき,最大の分母 n_t はどのような自然数になりうるか,という問題を提示しました。

1 の分解について,いろいろな問題がありますが,証明されている面白い性質に 1963 年のグラハムの結果があります。11 や 24 には,
$$11 = 2 + 3 + 6, \quad 1 = \frac{1}{2} + \frac{1}{3} + \frac{1}{6}$$
$$24 = 2 + 4 + 6 + 12, \quad 1 = \frac{1}{2} + \frac{1}{4} + \frac{1}{6} + \frac{1}{12}$$
という性質があります。一般的に書くと,自然数 n に対して,

① $n = n_1 + n_2 + n_3 + \cdots + n_t$

② $1 = \dfrac{1}{n_1} + \dfrac{1}{n_2} + \dfrac{1}{n_3} + \cdots + \dfrac{1}{n_t}$

③ $1 < n_1 < n_2 < n_3 < \cdots < n_t$

が同時に成り立つような自然数の組 $(n_1,\ n_2,\ n_3,\ \cdots,\ n_t)$ が存在するという性質です。

上で見たように，11，24 はこの性質を満たしますが，10 は満たしません。グラハムの結果は，78 以上のすべての自然数 n に対しては①②③が同時に成り立つ自然数の組 $(n_1,\ n_2,\ n_3,\ \cdots,\ n_t)$ が存在するというものです。

$n \geqq 78$ の場合の例を一つあげると，$n = 100$ のとき

$$100 = 3 + 4 + 7 + 8 + 12 + 24 + 42$$

$$1 = \dfrac{1}{3} + \dfrac{1}{4} + \dfrac{1}{7} + \dfrac{1}{8} + \dfrac{1}{12} + \dfrac{1}{24} + \dfrac{1}{42}$$

となっています。

第7章

ゼータ関数

素数の分布からリーマン予想へ

7・1 素数定理

第 1 章で素数の分布について解説しましたが,最終章でも素数の分布についての話題を取り上げます。

素数分布の基本的な問題の一つに,与えられた自然数 n 以下の素数はどれくらいあるのだろうかという問題があります。

まず,次の問題を見てください。

---

m, n は 0 以上の整数とする。n 以下の素数の個数を $f(n)$ と書く。定義より $f(0) = f(1) = 0$ であり,$f(20)$ = ◻ である。$f(n)$ が m 以上であるような n の最小値を $g(m)$ と書く。このとき,
$$g(0) = \boxed{},\ g(1) = \boxed{},\ g(10) = \boxed{}$$
である。

(2009 慶應義塾大学)

まず問題を解きます。

素数を小さい順に並べると,

2, 3, 5, 7, 11, 13, 17, 19, 23, 29, 31, …

となり,20 以下の素数は,2, 3, 5, 7, 11, 13, 17, 19 の 8 個なので $f(20) = 8$ です。また,明らかに $g(0) = 0$ で,素数の個数が 1 個以上になる最小の n の値は 2,さらに $n = 29$ で素数の個数が 10 個になるので,$g(10) = 29$ です。

これで慶應義塾大学の問題が解けましたが,ここで出てきた n 以下の素数の個数 $f(n)$ は,数論では普通 $\pi(n)$ と書き

第7章 ゼータ関数

ます。

素数は無数にあるので $\pi(n)$ はいくらでも大きくなりますが，完全な法則はわかっていません。例えば，

$$\pi(8) = 4 , \ \pi(12) = 5$$
$$\pi(8+12) = \pi(20) = 8$$

なので，$\pi(8+12) < \pi(8) + \pi(12)$ が成り立ちますが，このような関係が一般に成り立つかどうかはわかっていません。つまり，

$$\pi(m+n) \leqq \pi(m) + \pi(n) \ (m \geqq 2 , \ n \geqq 2)$$

が成り立つかどうかは未解決の問題です。

一方，n と $2n$ の間に少なくとも1つの素数が存在することを第1章で述べましたが（19ページ），この事実は

$$\pi(2n) - \pi(n) \geqq 1$$

と表すことができます。

このように，小さな範囲での $\pi(n)$ についての法則は未知のことが多いのですが，自然数全体というような大きな範囲については驚くべきことがわかっています。

$\pi(n)$ は n とともに増加していきますが，その増加の様子はどのようになっているのでしょうか。

ガウスは15歳か16歳のときに，多くの数値計算から $\pi(n)$ が $\dfrac{n}{\log n}$ の値に近くなることを見出しました。つまり n が十分大きいときには，$\pi(n) \fallingdotseq \dfrac{n}{\log n}$ です。ガウスのこの予想は正しく，このことが証明されたのは，約100年後の1896年のことでした。アダマール（1865-1963）とド・ラ・ヴァレ・プーサン（1866-1962）という2人の数学者が，そ

れぞれ独立に証明しました。

上の事実を正確に書くと，

$$\lim_{n \to \infty} \frac{\pi(n)}{\dfrac{n}{\log n}} = 1$$

となります。これは**素数定理**と呼ばれ，不規則に見える素数の世界に信じられないような秩序ある法則が潜んでいることを示すものです。

1948年にセルバーグ（1917-2007）とエルデシュが初等的な証明をし，セルバーグはこの研究でフィールズ賞を受賞しています。初等的という意味は複素数の関数を使わないということで，易しいという意味ではありません。

$\pi(n)$ は n が大きくなれば，$\dfrac{n}{\log n}$ に近くなるということですが，では，$\dfrac{n}{\log n}$ という式はどのような動きをするのでしょうか。次の問題を見てください。

関数 $f(x) = \dfrac{x}{\log x}$ $(x > 1)$ について，次の問いに答えよ。
(1) $y = f(x)$ の増減，グラフの凹凸を調べ，グラフの概形を描け。
(2) 省略

（2008　旭川医科大学）

---

(1)を考えます。まず，

$$f'(x) = \frac{\log x - 1}{(\log x)^2}$$

$$f''(x) = \frac{\frac{1}{x}(\log x)^2 - (\log x - 1) \cdot 2\log x \cdot \frac{1}{x}}{(\log x)^4} = \frac{2 - \log x}{x(\log x)^3}$$

となり，増減表とグラフは図1のようになります。

x	1	$\cdots$	e	$\cdots$	e^2	$\cdots$
$f'(x)$		$-$	0	$+$	$+$	$+$
$f''(x)$		$+$	$+$	$+$	0	$-$
$f(x)$		↘	e	↗	$\frac{e^2}{2}$	↗

図1

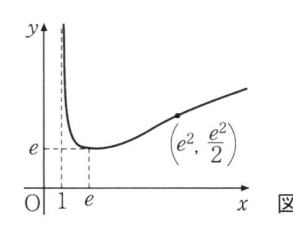

これで，旭川医科大学の問題の解説は終わります。

この問題からわかるように，関数 $\frac{x}{\log x}$ は $x > e = 2.7\cdots$ の範囲で増加関数です。素数定理より，$\pi(n)$ は n が大きくなるにしたがって $\frac{n}{\log n}$ の値に近づいていくので，$\frac{\pi(n)}{n}$ は $\frac{1}{\log n}$ の値に近づいていくことになります。$\frac{1}{\log n}$ は n が大きくなるにしたがって減少していくので，$\frac{\pi(n)}{n}$ も減少していきます。つまり，素数の存在は次第にまばらになっていくわけです。

n が大きいとき $\pi(n)$ が $\frac{n}{\log n}$ に近いということは，1か

ら n までの n 個の整数が，平均確率 $\dfrac{1}{\log n}$ で素数であるというように考えていることになりますが，ガウスはまた，自然数 n に対して，n が素数である確率が $\dfrac{1}{\log n}$ であろうと推定して，これを積分したものがより真の $\pi(n)$ に近いだろうと考えています。この考え方では，大きな n に対して $\pi(n)$ は積分 $\displaystyle\int_2^n \dfrac{1}{\log x}dx$ に近くなります。実際，この積分の式の方がより精密な近似を与えています。

$\dfrac{\pi(n)}{n}$ については次の問題があります。

自然数 N は 30 の倍数である。
$$U = \{x \mid x \text{ は } 1 \text{ 以上 } N \text{ 以下の奇数}\},$$
$$A = \{x \mid x \in U,\ x \text{ は } 3 \text{ の倍数}\},$$
$$B = \{x \mid x \in U,\ x \text{ は } 5 \text{ の倍数}\}$$
とし，集合 U，A，B，$A \cap B$ の要素の個数をそれぞれ u_N，a_N，b_N，c_N と表す。次の問いに答えよ。

(1) u_N，a_N，b_N，c_N を N を用いて表せ。

(2) N 以下の素数の個数を P_N とするとき，不等式
$$P_N \leqq u_N - a_N - b_N + c_N + 2$$
を示せ。

(3) (2) の P_N について，$\dfrac{P_N}{N} \leqq \dfrac{1}{3}$ を示せ。

(2010　宮城教育大学)

第 7 章　ゼータ関数

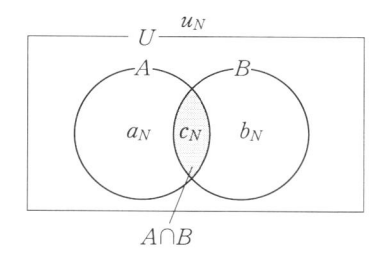

図２

エラトステネスのふるいという方法があります。例えば 100 までの素数をすべて拾い出そうとすれば，2 から 100 までの数を書き出し，2 より大きい 2 の倍数をすべて除きます。すると 2 の次に残っている数は 3 なので，3 より大きい 3 の倍数をすべて除きます。残った数の中で，3 の次の数は 5 なので，5 より大きい 5 の倍数をすべて除きます。このようなことを繰り返すと素数が残っていきます。

この問題は N が 30 の倍数という条件の下で，この操作を 2 と 3 と 5 について行っています。（3）が素数の割合の評価になっています。

この問題を解いてみましょう。

（1）ですが，自然数 N は 30 の倍数なので，ある自然数 n を用いて $N = 30n$ と表すことができます。集合 U は N 以下の自然数から 2 の倍数を除いた集合なので，$u_N = \dfrac{N}{2}$ となります。また，A は N 以下の 3 の倍数のうち奇数であるものの集合だから，$a_N = \dfrac{N}{6}$ となります。そして，B は N 以下の 5 の倍数のうち奇数であるものの集合だから，

205

$b_N = \dfrac{N}{10}$ となります.最後に,$A \cap B$ は N 以下の 15 の倍数のうち奇数であるものの集合だから,$c_N = \dfrac{N}{30}$ となります.

(2)を考えます.U を全体集合として,集合 $\overline{A \cup B}$ の要素の個数を d_N とすると,
$$d_N = u_N - a_N - b_N + c_N$$
です.これは,N 以下の奇数の集合から 3 の倍数,5 の倍数を除いた集合の要素の個数です.そして,N 以下の素数の集合から素数 2 と 3 と 5 の 3 個を除いた集合は,$\overline{A \cup B}$ から 1 を除いた集合の部分集合だから,
$$P_N - 3 \leqq d_N - 1$$
 つまり,
$$P_N \leqq u_N - a_N - b_N + c_N + 2$$
となります.

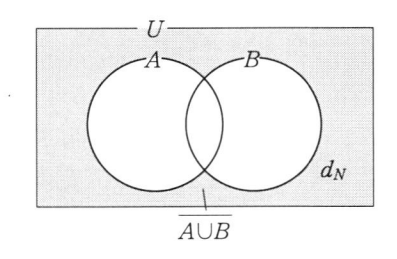

図 3

(3)は,(2)で得た不等式を使います.
$P_N \leqq u_N - a_N - b_N + c_N + 2$ より,

$$P_N \leqq \frac{N}{2} - \frac{N}{6} - \frac{N}{10} + \frac{N}{30} + 2 = \frac{4}{15}N + 2$$

これより，

$$\frac{P_N}{N} \leqq \frac{4}{15} + \frac{2}{N}$$

となり，$N \geqq 30$ より，$\frac{2}{N} \leqq \frac{1}{15}$ なので，

$$\frac{P_N}{N} \leqq \frac{4}{15} + \frac{2}{N} \leqq \frac{4}{15} + \frac{1}{15} = \frac{1}{3}$$

となって，証明ができました。これで，宮城教育大学の問題を終わります。

この問題は，無数にある素数の中で，2 と 3 と 5 だけを使った議論なので大雑把な評価になるのはやむを得ませんが，実際の数値でどれくらいの値になるかというと，

$N = 30$ のとき，$\frac{P_N}{N} = \frac{10}{30} = \frac{1}{3} = 0.33\cdots$

$N = 60$ のとき，$\frac{P_N}{N} = \frac{17}{60} = 0.28\cdots$

$N = 90$ のとき，$\frac{P_N}{N} = \frac{24}{90} = 0.26\cdots$

$N = 120$ のとき，$\frac{P_N}{N} = \frac{30}{120} = 0.25$

$N = 150$ のとき，$\frac{P_N}{N} = \frac{35}{150} = 0.23\cdots$

のようになります。

2, 3, 5, 7, … と素数を増やして議論すれば，より精密な結果を得ることができますが，素数は限りなく存在するの

で，すべての素数についてこの方法を実行することはできません。素数の個数を評価するためには高度の数学を必要とします。第1章で紹介したように，素数の分布は不規則で未知のことが多くあるのですが，大局的に見ると，素数定理のような非常に顕著な法則が見られるのは，素数の神秘的な一面です。

素数のまた別の神秘的な面として，**ゼータ関数**との関係があります。

7・2 ゼータ関数

素数が無数に存在することを，オイラーは素数の逆数の和

$$\frac{1}{2} + \frac{1}{3} + \frac{1}{5} + \frac{1}{7} + \cdots$$

が無限大に発散することを示すことによって証明したことは第1章（18ページ）で述べました。さらにオイラーは s を実数として，次のような無限級数を考えました。

$$\sum_{n=1}^{\infty} \frac{1}{n^s} = \frac{1}{1^s} + \frac{1}{2^s} + \frac{1}{3^s} + \frac{1}{4^s} + \cdots$$

これは s の関数と考えられるので，この関数を $\zeta(s)$ と表し，ゼータ関数といいます。オイラーはこの関数が，

$$\left(1 - \frac{1}{2^s}\right)^{-1}\left(1 - \frac{1}{3^s}\right)^{-1}\left(1 - \frac{1}{5^s}\right)^{-1}\left(1 - \frac{1}{7^s}\right)^{-1}\cdots$$

という無限積に表せることを示しました。ここで，分母に2，3，5，7，… という素数が現れています。このことによって $\zeta(s)$ が素数と深い関係があることがわかります。この無限積は**オイラー積**と呼ばれています。

第7章 ゼータ関数

さらにリーマン (1826-1866) は s を複素数にまで広げて $\zeta(s)$ の性質を深く研究しました。複素数 s は $s = \sigma + it$ の形の数です。ここで，σ，t は実数，i は虚数で $i^2 = -1$ を満たします。そして σ を実部，t を虚部といいます。$\zeta(s)$ の値が $s = -2n$ ($n = 1, 2, 3, \cdots$) のところで 0 になるのはオイラーの時代にわかっていましたが，リーマンはこれ以外に $\zeta(s)$ を 0 にする複素数はすべて $\frac{1}{2} + it$ の形であろうと予想しました。これが現在最大の未解決問題の一つである**リーマン予想**です。そして $\zeta(s)$ は**リーマンのゼータ関数**と呼ばれています。

ここではリーマンのゼータ関数の詳しいことは紹介できませんが，まず s が自然数の場合についてゼータ関数の値がどうなるかを考えてみましょう。

次の問題を見てください。

---

(1) 任意の自然数 n に対して，不等式
$$\frac{1}{n+1} \leq \int_n^{n+1} \frac{1}{x} dx \leq \frac{1}{n}$$
および
$$\log(n+1) \leq 1 + \frac{1}{2} + \frac{1}{3} + \cdots + \frac{1}{n}$$
が成り立つことを示せ。

(2) 任意の自然数 n に対して，不等式
$$\frac{1}{(n+1)^2} \leq \int_n^{n+1} \frac{1}{x^2} dx \leq \frac{1}{n^2}$$
および

$$1 + \frac{1}{2^2} + \frac{1}{3^2} + \cdots + \frac{1}{n^2} \leq 2 - \frac{1}{n}$$

が成り立つことを示せ。

(2003　愛知教育大学)

━━━━━━━━━━━━━━━━━━━━━━━━━━━━━━

$\zeta(1) = 1 + \dfrac{1}{2} + \dfrac{1}{3} + \dfrac{1}{4} + \cdots$ なので，問(1)は $\zeta(1)$ に関する問題，$\zeta(2) = 1 + \dfrac{1}{2^2} + \dfrac{1}{3^2} + \dfrac{1}{4^2} + \cdots$ なので，問(2)は $\zeta(2)$ に関する問題です。

$\log(n+1) \leq 1 + \dfrac{1}{2} + \dfrac{1}{3} + \cdots + \dfrac{1}{n}$ の不等式において，$n \to \infty$ とすると $\displaystyle\lim_{n \to \infty} \log(n+1) = \infty$ だから，$\zeta(1)$ は無限大に発散することがわかります。

また(2)において，$n \to \infty$ のときの $2 - \dfrac{1}{n}$ の極限値が2なので，$\zeta(2)$ は2以下の値であることがわかります。

では，この問題を解きましょう。

(1)については，まず $n \leq x \leq n+1$ のとき，

$$\frac{1}{n+1} \leq \frac{1}{x} \leq \frac{1}{n} \quad \cdots\cdots ①$$

が成り立ちます。これを積分して，

$$\int_n^{n+1} \frac{1}{n+1} dx \leq \int_n^{n+1} \frac{1}{x} dx \leq \int_n^{n+1} \frac{1}{n} dx$$

$$\frac{1}{n+1} \leq \int_n^{n+1} \frac{1}{x} dx \leq \frac{1}{n} \quad \cdots\cdots ②$$

となります。(1)の後半は，②の右側の不等式より，

第 7 章　ゼータ関数

$$\sum_{k=1}^{n}\int_{k}^{k+1}\frac{1}{x}dx \leqq \sum_{k=1}^{n}\frac{1}{k} \quad \cdots\cdots ③$$

ここで③の左辺を計算すると，

$$\sum_{k=1}^{n}\int_{k}^{k+1}\frac{1}{x}dx = \int_{1}^{n+1}\frac{1}{x}dx = \Big[\log x\Big]_{1}^{n+1}$$
$$= \log(n+1)$$

よって③より，$\log(n+1) \leqq 1 + \dfrac{1}{2} + \dfrac{1}{3} + \cdots + \dfrac{1}{n}$

となります。

次に（2）です。①より，

$$\frac{1}{(n+1)^2} \leqq \frac{1}{x^2} \leqq \frac{1}{n^2}$$

これより，

$$\int_{n}^{n+1}\frac{1}{(n+1)^2}dx \leqq \int_{n}^{n+1}\frac{1}{x^2}dx \leqq \int_{n}^{n+1}\frac{1}{n^2}dx$$

$$\frac{1}{(n+1)^2} \leqq \int_{n}^{n+1}\frac{1}{x^2}dx \leqq \frac{1}{n^2} \quad \cdots\cdots ④$$

となります。（2）の後半は④の左側の不等式より，

$$\sum_{k=1}^{n-1}\frac{1}{(k+1)^2} \leqq \sum_{k=1}^{n-1}\int_{k}^{k+1}\frac{1}{x^2}dx \quad \cdots\cdots ⑤$$

⑤の右辺は，

$$\sum_{k=1}^{n-1}\int_{k}^{k+1}\frac{1}{x^2}dx = \int_{1}^{n}\frac{1}{x^2}dx = \Big[-\frac{1}{x}\Big]_{1}^{n} = 1 - \frac{1}{n}$$

よって⑤より，

$$\frac{1}{2^2} + \frac{1}{3^2} + \cdots + \frac{1}{n^2} \leqq 1 - \frac{1}{n}$$

両辺に 1 をたして，

$$1 + \frac{1}{2^2} + \frac{1}{3^2} + \cdots + \frac{1}{n^2} \leqq 2 - \frac{1}{n}$$

となります。これで，愛知教育大学の問題が解けました。

この問題によって，$\zeta(2)$ は 2 以下の値であることがわかりましたが，さらに $\zeta(2)$ の値について詳しく見てみましょう。次の問題を見てください。

級数 $S = \sum_{n=1}^{\infty} \frac{1}{n^2}$ および $T = \sum_{n=1}^{\infty} \frac{1}{n(n+1)}$ は収束することがわかっている。S および T の第 n 項までの部分和をそれぞれ S_n，T_n とするとき，次の問に答えよ。

(1) T の値を求めよ。

(2) すべての自然数 n に対し等式 $T - T_{n-1} = \frac{1}{n}$ が成り立つことを示せ。ただし，$T_0 = 0$ とする。

(3) 上の結果を用いて，すべての自然数 n に対し不等式 $S - S_n \leqq \frac{1}{n}$ が成り立つことを示せ。

(4) 不等式 $1.3 < S < 1.7$ を示せ。

(2003　防衛大学校)

愛知教育大学の問題で $\zeta(2) \leqq 2$ を求めましたが，この問題はさらに，$1.3 < \zeta(2) < 1.7$ であることを示す問題です。

まずこの問題を解きましょう。

(1) $T_n = \sum_{k=1}^{n} \frac{1}{k(k+1)} = \sum_{k=1}^{n} \left(\frac{1}{k} - \frac{1}{k+1} \right)$

$$= \left(1 - \frac{1}{2}\right) + \left(\frac{1}{2} - \frac{1}{3}\right) + \left(\frac{1}{3} - \frac{1}{4}\right) + \cdots$$
$$+ \left(\frac{1}{n} - \frac{1}{n+1}\right)$$
$$= 1 - \frac{1}{n+1}$$

したがって，$T = \lim_{n \to \infty} T_n = 1$ となります。

(2) $T_n = 1 - \dfrac{1}{n+1}$ より，$n \geqq 2$ のとき，
$$T - T_{n-1} = 1 - \left(1 - \frac{1}{n}\right) = \frac{1}{n}$$

となります。また，$T_0 = 0$ だから，$n = 1$ のとき，
$$T - T_0 = 1 - 0 = \frac{1}{1} = \frac{1}{n}$$

よって，すべての自然数 n に対して $T - T_{n-1} = \dfrac{1}{n}$ が成り立つことが証明できました。

(3) すべての自然数 n に対して，
$$S - S_n = \sum_{n=1}^{\infty} \frac{1}{n^2} - \left(1 + \frac{1}{2^2} + \frac{1}{3^2} + \cdots + \frac{1}{n^2}\right)$$
$$= \frac{1}{(n+1)^2} + \frac{1}{(n+2)^2} + \frac{1}{(n+3)^2} + \cdots$$
$$\leqq \frac{1}{n(n+1)} + \frac{1}{(n+1)(n+2)}$$
$$+ \frac{1}{(n+2)(n+3)} + \cdots$$

$$= \sum_{n=1}^{\infty} \frac{1}{n(n+1)}$$
$$- \left\{ \frac{1}{1\cdot 2} + \frac{1}{2\cdot 3} + \frac{1}{3\cdot 4} + \cdots + \frac{1}{(n-1)n} \right\}$$
$$= T - T_{n-1}$$
$$= \frac{1}{n} \quad ((2) より)$$

したがって，$S - S_n \leq \frac{1}{n}$ が証明できました。

最後に(4)です。まず S の定義より，
$$S > \frac{1}{1^2} + \frac{1}{2^2} + \frac{1}{3^2} = 1 + \frac{1}{4} + \frac{1}{9} = \frac{49}{36} = 1.36\cdots$$
よって，$S > 1.3$ がいえます。

次に(3)より，$S - S_3 \leq \frac{1}{3}$ だから，
$$S \leq S_3 + \frac{1}{3} = 1 + \frac{1}{4} + \frac{1}{9} + \frac{1}{3} = \frac{61}{36} = 1.69\cdots$$
よって，$S < 1.7$ がいえました。

以上より，$1.3 < S < 1.7$ となり，防衛大学校の問題が終わりました。

防衛大学校の問題(4)によって $1.3 < \zeta(2) < 1.7$ であることがわかりましたが，別の方法で $\zeta(2)$ の大きさの限界を与えたものに次の問題があります。

第7章　ゼータ関数

以下の問いに答えなさい。

（1）等式 $\dfrac{1}{n^2 - \dfrac{1}{4}} = \dfrac{1}{n - \dfrac{1}{2}} - \dfrac{1}{n + \dfrac{1}{2}}$ を利用して，無限級数の和 $\displaystyle\sum_{n=2}^{\infty} \dfrac{1}{n^2 - \dfrac{1}{4}}$ を求めなさい。

（2）不等式 $\displaystyle\sum_{n=1}^{\infty} \dfrac{1}{n^2} < \dfrac{5}{3}$ を示しなさい。

（2008　長岡技術科学大学）

（1）$S_n = \displaystyle\sum_{k=2}^{n} \dfrac{1}{k^2 - \dfrac{1}{4}}$ とおくと，

$$\dfrac{1}{k^2 - \dfrac{1}{4}} = \dfrac{1}{k - \dfrac{1}{2}} - \dfrac{1}{k + \dfrac{1}{2}}$$
$$= \dfrac{2}{2k-1} - \dfrac{2}{2k+1} = 2\left(\dfrac{1}{2k-1} - \dfrac{1}{2k+1}\right)$$

だから，

$$S_n = 2\sum_{k=2}^{n}\left(\dfrac{1}{2k-1} - \dfrac{1}{2k+1}\right) = 2\left(\dfrac{1}{3} - \dfrac{1}{2n+1}\right)$$

よって，

$$\sum_{n=2}^{\infty} \dfrac{1}{n^2 - \dfrac{1}{4}} = \lim_{n\to\infty} S_n = \dfrac{2}{3}$$

となります。

（2）不等式 $\dfrac{1}{k^2} < \dfrac{1}{k^2 - \dfrac{1}{4}}$ が成り立つので，

$$\dfrac{1}{2^2} < \dfrac{1}{2^2 - \dfrac{1}{4}} \quad \cdots\cdots ①$$

$$\sum_{k=3}^{\infty} \dfrac{1}{k^2} \leqq \sum_{k=3}^{\infty} \dfrac{1}{k^2 - \dfrac{1}{4}} \quad \cdots\cdots ②$$

①＋②より，

$$\sum_{k=2}^{\infty} \dfrac{1}{k^2} < \sum_{k=2}^{\infty} \dfrac{1}{k^2 - \dfrac{1}{4}}$$

（1）の結果より，$\sum_{k=2}^{\infty} \dfrac{1}{k^2} < \dfrac{2}{3}$ となり，両辺に 1 を加えて，

$$\sum_{k=1}^{\infty} \dfrac{1}{k^2} < \dfrac{5}{3}$$

が得られます。これで長岡技術科学大学の問題を終わります。

　入試問題としては $\zeta(2)$ の正確な値を求めることは要求できませんが，オイラー自身が $\zeta(2)$ の正確な値を求めていて，$\zeta(2) = \dfrac{\pi^2}{6} = 1.6449\cdots$ となります。このようなところに円周率 π が現れるのは何とも不思議なことです。$\zeta(2)$ の収束・発散を論ぜよという問題は**バーゼル問題**と呼ばれて，スイスのバーゼルでヤコブ・ベルヌーイ（1654-1705）たちが盛んに取り組んで解けなかった問題だったのですが，1735 年に当時 28 歳の若いオイラーがいきなり解いて，一躍有名

第 7 章 ゼータ関数

になりました。

では,さらに話を発展させて,$\zeta(3)$ はどうでしょうか。次の問題を見てください。

---

2 以上の自然数 n に対して,不等式
$$\frac{1}{2^3} + \frac{1}{3^3} + \frac{1}{4^3} + \cdots + \frac{1}{n^3} < \frac{1}{4}$$
が成り立つことを示せ。

(1992 大阪大学)

この問題を解きます。

k が 2 以上の自然数のとき,$k^3 > k^3 - k$ が成り立つので,

$$\frac{1}{k^3} < \frac{1}{k^3 - k}$$

となります。よって,

$$\sum_{k=2}^{n} \frac{1}{k^3} < \sum_{k=2}^{n} \frac{1}{k^3 - k}$$

ここで,

$$\frac{1}{k^3 - k} = \frac{1}{(k-1)k(k+1)}$$
$$= \frac{1}{2}\left\{\frac{1}{(k-1)k} - \frac{1}{k(k+1)}\right\}$$

だから

$$\sum_{k=2}^{n} \frac{1}{k^3 - k} = \frac{1}{2}\sum_{k=2}^{n}\left\{\frac{1}{(k-1)k} - \frac{1}{k(k+1)}\right\}$$

$$= \frac{1}{2}\left\{\frac{1}{2} - \frac{1}{n(n+1)}\right\}$$
$$= \frac{1}{4} - \frac{1}{2n(n+1)} < \frac{1}{4}$$

よって,$\sum_{k=2}^{n}\frac{1}{k^3} < \frac{1}{4}$ となります。これで大阪大学の問題が解けました。

この問題によって,$\zeta(3) < \frac{5}{4}$ となりますが,では,$\zeta(3)$ の真の値は何でしょうか。実は $\zeta(3)$ はまだわかっていないのです。やっと 1978 年にアペリー(1916-1994)という数学者が $\zeta(3)$ が無理数であることを証明しています。

$\zeta(3)$ がわかっていないので,次の $\zeta(4)$ はもっと難しいかと思うかもしれませんが,実はすでにオイラーが求めています。$\zeta(4)$ だけでなく,$\zeta(s)$ の s が偶数のとき,つまり $\zeta(2n)$ の値をオイラーがすべて決定しています。

$$\zeta(4) = \frac{\pi^4}{90},\ \zeta(6) = \frac{\pi^6}{945},\ \zeta(8) = \frac{\pi^8}{9450}$$

となっているのですが,これがどのような法則になっているかを次の節で見てみましょう。

7・3 関・ベルヌーイ数

前節の最後に述べた $\zeta(2n)$ の値はすべて,

(有理数) $\times\ \pi^{2n}$

の形をしています。そして,この有理数の形もわかっていて,

$$\zeta(2n) = \frac{(-1)^{n-1}2^{2n-1}B_{2n}}{(2n)!}\pi^{2n} \quad \cdots\cdots①$$

となります。ここで B_n は**関・ベルヌーイ数**と呼ばれている数です。この数は単にベルヌーイ数と呼ばれることが多いのですが、ベルヌーイとは独立に和算の大家である関孝和 (1642?-1708) も発見しているので、関・ベルヌーイ数と呼ぶことにします。

関・ベルヌーイ数 B_n を次の漸化式，

$$\sum_{i=0}^{n} {}_{n+1}C_i B_i = n+1$$

で定義します。ここで ${}_{n+1}C_i$ は組合せの数です。この式を使って関・ベルヌーイ数を求めると，

$n=0$ のとき，${}_1C_0 B_0 = 1$ より，$B_0 = 1$

$n=1$ のとき，${}_2C_0 B_0 + {}_2C_1 B_1 = 2$ より，$B_0 + 2B_1 = 2$，$B_0 = 1$ だから $B_1 = \dfrac{1}{2}$ となります。

$n=2$ のときは，${}_3C_0 B_0 + {}_3C_1 B_1 + {}_3C_2 B_2 = 3$ より，$B_0 + 3B_1 + 3B_2 = 3$，これに $B_0 = 1$，$B_1 = \dfrac{1}{2}$ を代入して，$B_2 = \dfrac{1}{6}$ となります。

以下，同様にして関・ベルヌーイ数を求めると，

$$B_3 = 0, \ B_4 = -\frac{1}{30}, \ B_5 = 0, \ B_6 = \frac{1}{42},$$
$$B_7 = 0, \ B_8 = -\frac{1}{30}, \ B_9 = 0, \ \cdots$$

のようになります。この値を見ると，n が 3 以上の奇数のと

き，$B_n = 0$ となっているようですが，このことは一般に成り立ちます。

この関・ベルヌーイ数を使って，①により $\zeta(2n)$ の値を計算すると，

$$\zeta(2) = \frac{(-1)^0 \cdot 2B_2}{2!}\pi^2 = \frac{\pi^2}{6}$$

$$\zeta(4) = \frac{(-1) \cdot 2^3 B_4}{4!}\pi^4 = \frac{\pi^4}{90}$$

となります。$\zeta(6) = \dfrac{\pi^6}{945}$，$\zeta(8) = \dfrac{\pi^8}{9450}$ も確かめてみてください。

以上のように，$\zeta(2n)$ は関・ベルヌーイ数を使って表されることがわかりました。ゼータ関数の問題はこれで終わりますが，他にも関・ベルヌーイ数で表されるものがあります。最後にそれを紹介しましょう。

$$\sum_{k=1}^{n} k = 1 + 2 + 3 + \cdots + n = \frac{1}{2}n(n+1)$$

$$\sum_{k=1}^{n} k^2 = 1^2 + 2^2 + 3^2 + \cdots + n^2$$

$$= \frac{1}{6}n(n+1)(2n+1)$$

$$\sum_{k=1}^{n} k^3 = 1^3 + 2^3 + 3^3 + \cdots + n^3 = \frac{1}{4}n^2(n+1)^2$$

は高校の数列の単元で出てくる公式です。

では一般に $\displaystyle\sum_{k=1}^{n} k^i$ はどのようになるのでしょうか。$\displaystyle\sum_{k=1}^{n} k$

第7章　ゼータ関数

は n の2次式，$\sum_{k=1}^{n} k^2$ は n の3次式，$\sum_{k=1}^{n} k^3$ は n の4次式，したがって，$\sum_{k=1}^{n} k^i$ は n の $i+1$ 次式になることが予想されますが，実際にそうであるのか，また具体的に n のどのような式になるのか，ということについて紹介したいと思います。

このことについて次の問題があります。

自然数 k，n に対し，1^k，2^k，3^k，$\cdots$，n^k の和を $S_k(n)$ とおく。例えば，$k=1$ のとき，$S_1(n)$ を求めると，$S_1(n) = \dfrac{1}{2}n(n+1)$ である。

(1) $k=2$ のとき，$S_2(n)$ を，恒等式
$t^3 - (t-1)^3 = 3t^2 - 3t + 1$ を用いて求めなさい。

(2) $k=3$ のとき，$S_3(n)$ を，恒等式
$t^4 - (t-1)^4 = 4t^3 - 6t^2 + 4t - 1$ を用いて求めなさい。

(3) 一般に，2以上の自然数 k に対し，

$$S_k(n) = \frac{1}{k+1}\left\{n^{k+1} - (-1)^k n - \sum_{j=1}^{k-1} (-1)^{k-j} {}_{k+1}\mathrm{C}_j S_j(n)\right\}$$

が成り立つことを示しなさい。ここで，
${}_{k+1}\mathrm{C}_j = \dfrac{(k+1)!}{j!(k+1-j)!}$ である。

(2010　東京理科大学)

すでに紹介したように，$S_2(n) = \dfrac{1}{6}n(n+1)(2n+1)$，$S_3(n) = \dfrac{1}{4}n^2(n+1)^2$ で，これが（1）（2）の答えですが，問題の指示にしたがってこれらの式を導くことは，次の（3）を考える準備になるので，（2）だけ解答しておきましょう。

$t^4 - (t-1)^4 = 4t^3 - 6t^2 + 4t - 1$ の両辺に $t = 1, 2, 3, \cdots, n$ を代入して辺々加えると左辺は中ほどの項がすべて消えて n^4 になります。右辺は

$$4\sum_{t=1}^{n} t^3 - 6\sum_{t=1}^{n} t^2 + 4\sum_{t=1}^{n} t - \sum_{t=1}^{n} 1$$
$$= 4S_3(n) - 6S_2(n) + 4S_1(n) - n$$
$$= 4S_3(n) - 6 \cdot \dfrac{1}{6}n(n+1)(2n+1) + 4 \cdot \dfrac{1}{2}n(n+1) - n$$
$$= 4S_3(n) - (2n^3 + 3n^2 + n) + (2n^2 + 2n) - n$$
$$= 4S_3(n) - 2n^3 - n^2$$

となり，
$$n^4 = 4S_3(n) - 2n^3 - n^2$$

これより，
$$S_3(n) = \dfrac{1}{4}(n^4 + 2n^3 + n^2) = \dfrac{1}{4}n^2(n+1)^2$$

が得られます。

次に（3）を解説します。非常に複雑な式ですが，本質的に（2）で行った計算と同じことをすればよいわけです。

まず，二項定理より，$t^{k+1} - (t-1)^{k+1}$ の展開式を作り

ます。

$$t^{k+1} - (t-1)^{k+1} = t^{k+1} - \sum_{j=0}^{k+1} {}_{k+1}C_j t^j (-1)^{k+1-j}$$

右辺の式の $\sum$ の部分において，$j=0$，k，$k+1$ の項を離して書くと，

$$\begin{aligned}
\text{右辺} &= t^{k+1} - \Big\{ (-1)^{k+1} + \sum_{j=1}^{k-1} {}_{k+1}C_j t^j (-1)^{k+1-j} \\
&\quad - (k+1) t^k + t^{k+1} \Big\} \\
&= t^{k+1} - \Big\{ t^{k+1} - (k+1) t^k \\
&\quad + \sum_{j=1}^{k-1} {}_{k+1}C_j t^j (-1)^{k+1-j} + (-1)^{k+1} \Big\} \\
&= (k+1) t^k - \sum_{j=1}^{k-1} {}_{k+1}C_j t^j (-1)^{k+1-j} + (-1)^k
\end{aligned}$$

よって，

$$\begin{aligned}
&t^{k+1} - (t-1)^{k+1} \\
&= (k+1) t^k - \sum_{j=1}^{k-1} {}_{k+1}C_j t^j (-1)^{k+1-j} + (-1)^k \quad \cdots\cdots ①
\end{aligned}$$

となります。

この両辺に $t = 1, 2, 3, \cdots, n$ を代入して，辺々加えると，左辺は中ほどの項がすべて消えて n^{k+1} になります。あとは右辺の和

$$(k+1) \sum_{t=1}^{n} t^k - \sum_{t=1}^{n} \sum_{j=1}^{k-1} {}_{k+1}C_j t^j (-1)^{k+1-j} + (-1)^k n$$

$$\cdots\cdots ②$$

を計算します。

ここで②の第 1 項は，$(k+1)\sum_{t=1}^{n} t^k = (k+1)S_k(n)$ です。そして，第 2 項は，

$$-\sum_{t=1}^{n}\sum_{j=1}^{k-1}{}_{k+1}C_j t^j (-1)^{k+1-j} = \sum_{j=1}^{k-1}\sum_{t=1}^{n}{}_{k+1}C_j t^j (-1)^{k-j}$$
$$= \sum_{j=1}^{k-1}{}_{k+1}C_j (-1)^{k-j}\sum_{t=1}^{n} t^j = \sum_{j=1}^{k-1}{}_{k+1}C_j (-1)^{k-j} S_j(n)$$

したがって，

n^{k+1}
$= (k+1)S_k(n) + \sum_{j=1}^{k-1}{}_{k+1}C_j (-1)^{k-j} S_j(n) + (-1)^k n$

となり，

$S_k(n)$
$= \dfrac{1}{k+1}\Big\{n^{k+1} - \sum_{j=1}^{k-1}{}_{k+1}C_j (-1)^{k-j} S_j(n) - (-1)^k n\Big\}$
$= \dfrac{1}{k+1}\Big\{n^{k+1} - (-1)^k n - \sum_{j=1}^{k-1}(-1)^{k-j}{}_{k+1}C_j S_j(n)\Big\}$

が得られて，証明が完了しました。これで東京理科大学の問題を終わります。

　$S_k(n)$ を関・ベルヌーイ数を使って表した公式

$$S_k(n) = \dfrac{1}{k+1}\sum_{i=0}^{k}{}_{k+1}C_i B_i n^{k+1-i} \quad\cdots\cdots ③$$

があります。この公式は関・ベルヌーイの公式と呼ばれています。そして，東京理科大学の問題 (3) の $S_k(n)$ の式から③を導くことができます。その計算は省略しますが，③によって，$S_1(n)$，$S_2(n)$ が得られることを確かめてみましょう。

③で，$k=1$ とおくと，
$$S_1(n) = \frac{1}{2}\sum_{i=0}^{1}{}_2\mathrm{C}_i B_i n^{2-i} = \frac{1}{2}({}_2\mathrm{C}_0 B_0 n^2 + {}_2\mathrm{C}_1 B_1 n)$$
$$= \frac{1}{2}(n^2 + n) = \frac{1}{2}n(n+1)$$

となります。

$k=2$ のとき，
$$S_2(n) = \frac{1}{3}\sum_{i=0}^{2}{}_3\mathrm{C}_i B_i n^{3-i}$$
$$= \frac{1}{3}({}_3\mathrm{C}_0 B_0 n^3 + {}_3\mathrm{C}_1 B_1 n^2 + {}_3\mathrm{C}_2 B_2 n)$$
$$= \frac{1}{3}\left(n^3 + \frac{3}{2}n^2 + \frac{1}{2}n\right) = \frac{1}{6}n(n+1)(2n+1)$$

となります。同じようにして，

$k=3$，4 のとき，
$$S_3(n) = \frac{1}{4}n^2(n+1)^2$$
$$S_4(n) = \frac{1}{30}n(6n^4 + 15n^3 + 10n^2 - 1)$$

となることを確認してみてください。

最後に，ゼータ関数についての話題を紹介しておきましょう。ゼータ関数の問題として，まず関数の値の問題がありますが，これは7・2節で紹介した通りです。

$\zeta(3)$ 以外，s が奇数のときの $\zeta(s)$ の値についてわかっていることはほとんどありませんが，2000年に $\zeta(3)$，$\zeta(5)$，$\zeta(7)$，… の中に無理数が無数にあること，2001年に $\zeta(5)$，$\zeta(7)$，$\zeta(9)$，$\zeta(11)$ の少なくとも一つは無理数であること

が証明されています。

　ゼータ関数についての大きな問題は何といってもリーマン予想です。リーマン予想は $\zeta(s)$ の**零点**の問題です。零点というのは，$\zeta(s) = 0$ を満たす値 s のことです。しかし，$\zeta(s)$ は $1 + \dfrac{1}{2^s} + \dfrac{1}{3^s} + \dfrac{1}{4^s} + \cdots + \dfrac{1}{n^s} + \cdots$ という関数で，各項は正の数なのに 0 になることがあるのかという疑問が生じますが，s を複素数，つまり $\zeta(s)$ を複素数変数の関数と考えると可能なのです。

　リーマンは 1859 年の論文「与えられた数以下の素数の個数について」の中で，$\zeta(s)$ が複素数で定義できることを示しました。リーマンは数論に関する論文をこれ一つしか書いていません。オイラーは -2，-4，-6，… が零点になることを示しました。例えば，

$$\zeta(-2) = 1 + \dfrac{1}{2^{-2}} + \dfrac{1}{3^{-2}} + \dfrac{1}{4^{-2}} + \cdots$$
$$= 1 + 2^2 + 3^2 + 4^2 + \cdots = 0$$

となるということですが，複素数変数にするとこのような式に意味をもたせることができます。オイラーは，

$$1 + 2 + 3 + 4 + \cdots = -\dfrac{1}{12}$$

という等式も導いています。オイラーの時代はまだ複素数変数の関数を考える時代ではなかったのですが，オイラーの時代を越えた数学の力で正しく複素数変数で成り立つ関係式を得ています。-2，-4，-6，… を**自明な零点**と呼びます。-2，-4，-6，… は実数の零点ですが，リーマンはこれらの零点以外に虚数の零点があることを示し，はじめの零点を

$\frac{1}{2} + (14.134\cdots)i$, $\frac{1}{2} + (21.022\cdots)i$, … と計算しました。リーマンは，$0 < t \leqq T$ における $\xi(\frac{1}{2} + it)$ の零点の個数が，おおむね $\frac{T}{2\pi}\log\frac{T}{2\pi e}$ であるだろうと述べ，$\xi(s)$ の自明でない零点の実部がすべて $\frac{1}{2}$ だろうと予想しました。これがリーマン予想です。

リーマンはこの予想をそんなに困難なく証明できると考えていたようで，完全にできてから発表しようと考えていたと思われます。しかし，39歳で亡くなり，ある程度の結果をリーマンはもっていたと思われるのですが，論文にまとめられることはありませんでした。

実部が 1 より大きい範囲，つまり $\sigma > 1$ では零点が存在しないことはオイラー積から出てきます。$\sigma < 0$ のときは自明な零点つまり -2, -4, -6, … という零点しかないことが示されています。だから自明でない虚数の零点において $0 \leqq \sigma \leqq 1$ の範囲が問題になります。

1896 年，アダマールとド・ラ・ヴァレ・プーサンは $\xi(s)$ の自明でない零点について $0 < \sigma < 1$ であることを証明し，素数定理（202 ページ）を得ました。等号がはずれただけですが，大きな進展だったのです。しかし，σ が 0.999 より大きいところに零点がないといったことすら，いっさいいえていません。

リーマンが出版していなかったメモを，1932 年にジーゲル（1896-1981）が解読しました。$0 < \sigma < 1$ の範囲での，

ゼータ関数の値に関する結果で、今ではリーマン・ジーゲルの公式と言われています。解読されたメモには、リーマン・ジーゲルの公式の他にも、$\sigma = \frac{1}{2}$ を満たす零点が無数にあることの証明がありました。1914 年にハーディ（1877-1947）が、$\sigma = \frac{1}{2}$ を満たす零点が無数にあることを証明していますが、その 18 年後ぐらいに、実はリーマンが証明していたことをジーゲルが発見したのです。

リーマンをはじめて超えたのは、1942 年のセルバーグの結果です。リーマン予想を満たす零点の割合に関する結果で、リーマン予想を満たす零点の個数と $0 < \sigma < 1$ の範囲にある零点の個数の比が正であることを証明しました。これは大きな進歩でした。その後、結果は改良されて、今では少なくとも 40 パーセントの零点がリーマン予想を満たしていることを 1989 年にコンリー（1961- ）が証明しています。

リーマン予想を解決しようとする過程で、ゼータ関数やリーマン予想の類似物が考えられました。これらは数学にまた新しい分野を提供しました。これらの類似のゼータ関数でもリーマン予想が考えられ、すでに解決しているものもあります。また物理学との関係も議論されています。

20 世紀末に解決されたフェルマー予想をはじめとして、21 世紀に入ってから、谷山・志村予想、佐藤・テイト予想といった数論の大予想が証明されています。また、これらほど有名ではありませんが、カタランが予想したカタラン予想という不定方程式についての予想なども、長い間未解決だったものが解決しています。

しかし，数学の世界は問題が解決すればそれで終わりではなく，そこからまた新しい世界が広がり，限りなく発展をしていくものなのです．

【162 ページの中央大学の問題の解答】

a_n を定義している式がわかりにくいですが，これは n が偶数，奇数の場合を一つの式としてまとめているためで，偶数のときと奇数のときを別に書くと見やすくなります。

n が偶数のとき，$n = 2m$ とおくと，$h(n) = \dfrac{2m}{2} = m$ なので，$a_n = {}_{2m}C_0 + {}_{2m-1}C_1 + {}_{2m-2}C_2 + \cdots + {}_mC_m$ となり，n が奇数のとき，$n = 2m+1$ とおくと，$h(n) = m$ なので，
$a_n = {}_{2m+1}C_0 + {}_{2m}C_1 + {}_{2m-1}C_2 + \cdots + {}_{m+1}C_m$ となります。

（1）ですが，定義にしたがって計算します。

$a_1 = {}_1C_0 = 1$
$a_2 = {}_2C_0 + {}_1C_1 = 1 + 1 = 2$
$a_3 = {}_3C_0 + {}_2C_1 = 1 + 2 = 3$
$a_4 = {}_4C_0 + {}_3C_1 + {}_2C_2 = 1 + 3 + 1 = 5$
$a_5 = {}_5C_0 + {}_4C_1 + {}_3C_2 = 1 + 4 + 3 = 8$

このたし算の式を見れば，これらは左寄せのパスカルの三角形（161 ページ）を右斜め上の方向に加えた計算になっています。

（2）はすでに出てきた通りです（宇都宮大学の問題（1）〈146 ページ〉）。

（3）を解きます。n が偶数なので，$n = 2m$ とおくと，

$a_{n-1} + a_n = a_{2m-1} + a_{2m}$
$= ({}_{2m-1}C_0 + {}_{2m-2}C_1 + \cdots + {}_mC_{m-1})$
$\quad + ({}_{2m}C_0 + {}_{2m-1}C_1 + \cdots + {}_mC_m)$
$= {}_{2m}C_0 + ({}_{2m-1}C_0 + {}_{2m-1}C_1)$
$\quad + ({}_{2m-2}C_1 + {}_{2m-2}C_2) + \cdots + ({}_mC_{m-1} + {}_mC_m)$
$= {}_{2m+1}C_0 + {}_{2m}C_1 + {}_{2m-1}C_2 + \cdots + {}_{m+1}C_m = a_{2m+1} = a_{n+1}$
$\qquad\qquad\qquad\qquad (\because {}_{2m}C_0 = {}_{2m+1}C_0)$

となります。したがって $a_{n-1} + a_n = a_{n+1}$ が証明できました。

これで中央大学の解答は終わりですが，n が奇数のときも同様にできるので，解答しておきます。

$n = 2m + 1$ とおくと，

$$\begin{aligned}
a_{n-1} + a_n &= a_{2m} + a_{2m+1} \\
&= (_{2m}C_0 + {}_{2m-1}C_1 + \cdots + {}_mC_m) \\
&\quad + (_{2m+1}C_0 + {}_{2m}C_1 + \cdots + {}_{m+1}C_m) \\
&= {}_{2m+1}C_0 + (_{2m}C_0 + {}_{2m}C_1) + (_{2m-1}C_1 + {}_{2m-1}C_2) \\
&\quad + \cdots + (_{m+1}C_{m-1} + {}_{m+1}C_m) + {}_mC_m \\
&= {}_{2m+2}C_0 + {}_{2m+1}C_1 + {}_{2m}C_2 + \cdots + {}_{m+2}C_m + {}_{m+1}C_{m+1} \\
&\qquad\qquad (\because {}_{2m+1}C_0 = {}_{2m+2}C_0,\ {}_mC_m = {}_{m+1}C_{m+1}) \\
&= a_{2m+2} = a_{n+1}
\end{aligned}$$

となります。

これで，左寄せのパスカルの三角形で，右斜め上の方向に並んでいる数を加えてできた数列は確かにフィボナッチ数列になっていることがわかりました。

参考文献

　本書を読んで，数論のことをさらに知りたい読者のために，いくつかの文献を紹介します．もちろん，ここにあげた文献はほんの一部で，紹介していない良書も数多くあることはいうまでもありません．

　本書には数列の議論が多く出てきます．これらのことをより深く知りたい，思い出したいという人には，

　［1］**『なるほど高校数学 数列の物語』**（宇野勝博，講談社ブルーバックス，2011 年）

があります．

　数論全般については，

　［2］**『ゼロから無限へ』**（コンスタンス・レイド，芹沢正三訳，講談社ブルーバックス，1971 年）

が，数論のいろいろな話題をわかりやすく，また非常に興味深く解説してあります．数論の入門書として第一に推薦したい本です．

　また，

　［3］**『数の本』**（J.H. コンウェイ & R.K. ガイ，根上生也訳，シュプリンガー・ジャパン，2001 年）

は，数のさまざまな性質について述べられていて，楽しく読める本です．数論全般について，証明も含めてきちっと勉強したい人には，

　［4］**『はじめての数論』**（ジョセフ・H・シルヴァーマン，鈴木治郎訳，ピアソン・エデュケーション，2007 年）

を勧めます．読みやすい専門書で，数論の初等的な話題から，楕円曲線のような高度な話題まで，読者をひきつけながら述べてあります．

素数について知りたい人には，

［5］『**素数全書**』（R. Crandall & C. Pomerance，和田秀男監訳，朝倉書店，2010 年）

があります．素数の計算ということを主なテーマとしていますが，素数の多くの話題にふれてあり，最近の結果も知ることができます．

［6］『**プライムナンバーズ**』（David Wells，伊知地宏監訳，さかいなおみ訳，オライリー・ジャパン，2008 年）

は読みやすい素数の事典で，いろいろな素数について知ることができます．

数論の未解決の問題には，中学生，高校生にも意味のわかる問題が少なからずありますが，そういう未解決の問題が多く紹介されているのが，

［7］『**数論〈未解決問題〉の事典**』（リチャード・K・ガイ，金光滋訳，朝倉書店，2010年）

です．

第 4 章で紹介した黄金分割，フィボナッチ数列については多くの書物が出版されています．その中で，

［8］『**不思議な数列　フィボナッチの秘密**』（アルフレッド・S・ポザマンティエ&イングマル・レーマン，松浦俊輔訳，日経 BP 社，2010 年）

は，フィボナッチ数列をめぐるさまざまな話題がわかりやすく，また楽しく紹介されています．黄金分割，フィボナッチ数列について理論，証明をきちっと勉強したい人には，

［9］『**フィボナッチ数の小宇宙**』（中村 滋，日本評論社，2008 年）

があります．

カタラン数については，

[10]『**離散数学「数え上げ理論」**』(野﨑昭弘, 講談社ブルー
バックス, 2008 年)

に詳しい解説があります. また,

[11]『**整数の分割**』(ジョージ・アンドリュース&キムモ・
エリクソン, 佐藤文広訳, 数学書房, 2006 年)

は, 分割数について述べられた専門書ですが, 整数の分割という問題を通じて数論の深さを知ることができます.

第 7 章のゼータ関数, リーマン予想についても最近多くの書物が出版されました. その中で,

[12]『**素数からゼータへ, そしてカオスへ**』(小山信也, 日
本評論社, 2010 年)

をあげておきましょう. 高校生向きのゼータ関数の話から, 最前線の数論的量子カオスの話までをわかりやすく, また要領よくまとめてあります. 同じ著者の他の著作や黒川信重氏との共著もあります.

数学者の活躍を主体に, リーマンのゼータ関数, リーマン予想について述べたものに,

[13]『**素数の音楽**』(マーカス・デュ・ソートイ, 冨永星訳,
新潮社, 2005 年)

[14]『**リーマン博士の大予想**』(カール・サバー, 黒川信重監
修, 南條郁子訳, 紀伊國屋書店, 2004 年)

[15]『**素数に憑かれた人たち**』(ジョン・ダービーシャー,
松浦俊輔訳, 日経 BP 社, 2004 年)

があります. これらはリーマンのゼータ関数だけでなく, 数学者を中心とした数論の物語にもなっています. 数式がほとんどないので読みやすく, 数学が進展していく様子を知ることができます.

本書全体を通じて, オイラーの研究が出てきます. オイラー

の数学については，いくつかの文献がありますが，

  [16]『**オイラー探検**』（黒川信重，シュプリンガー・ジャパン，2007年）

は，オイラーの数学に関連する話題がいろいろと解説されています。リーマン予想だけでなく，佐藤・テイト予想についてもふれられています。

　本書で紹介した数値データ，未解決問題などについては，[5][7][16]などを参考にさせていただきました。また，数学者の伝記については，『岩波 数学辞典 第4版』（日本数学会編集，2007年）を参考にしました。

　最後に，拙著ですが，

  [17]『**美しすぎる「数」の世界**』（講談社ブルーバックス，2017年）

は，金子みすゞの詩をモチーフにして数論の世界を紹介したもので，若い人に数論の魅力を伝えたいという思いで書いたものです。

さくいん

【人名】
アダマール　201, 227
アペリー　218
エルデシュ　23, 191, 196, 202
オイラー　17, 33, 47, 51, 56, 76, 87, 153, 158, 208, 216, 226
ガウス　29, 34, 52, 158, 204
カタラン　166, 228
グラハム　196
グリーン　24
コーシー　158
コンリー　228
ジェルマン, ソフィー　28
ジーゲル　227
シュトラウス　191
関孝和　219
セルバーグ　202, 228
タオ　24
高木貞治　35
テイラー　80
ディリクレ　23
ド・ラ・ヴァレ・プーサン　201, 226
パスカル　51
ハーディ　228
ピタゴラス　38, 150
ヒッパソス　103
フィボナッチ　106
フェルマー　51, 77, 80, 158
ペパン　58
ベルヌーイ, ヤコブ　216
メルセンヌ　45
ユークリッド　14, 38, 100
ラグランジュ　158
ラマヌジャン　155
リーマン　209
リュカ　47, 107, 118, 135
ワイルス　80

【アルファベット】
k-完全数　41
k 組素数　26, 33

【あ行】
五つ子素数　26
ウィルソンの定理　16
エジプト分数　182
エラトステネスのふるい　205
エルデシュ・シュトラウスの予想　191

さくいん

オイラー関数　170
オイラー積　208
オイラーの定理　170, 173
黄金三角形　103
黄金長方形　104
黄金比　100
黄金分割　100

【か行】

過剰数　40
カタラン数　166
カタラン予想　166, 228
完全数　38
奇数の完全数　49
既約なピタゴラス数　60
偶数の完全数　48
原論　14, 38, 100
公開鍵暗号　176
合成数　12
合同数　97
五角数　150
五胞体数　158
コラッツの問題　10

【さ行】

最大公約数　53
作図　52
佐藤・テイト予想　228
三角数　149
四角数　150

自明な零点　226
四面体数　158
真の約数　38
数学的帰納法　54
関・ベルヌーイ数　219
関・ベルヌーイの公式　224
ゼータ関数　208
素数　12
素数定理　13, 202
素数の逆数の和　17
素数(の)分布　13, 20, 165, 200
素数判定法　58, 117
ソフィー・ジェルマンの素数　28, 82

【た行】

楕円曲線　31, 98
多角数　157
谷山・志村予想　228
単位円　70
単位分数　182
チェビシェフの定理　19
ディリクレの算術級数の定理　23
等差数列　21

【な行】

二項係数　148, 167
二項定理　148

237

【は行】

背理法　14
白銀比　106
パスカルの三角形　144
バーゼル問題　216
ピタゴラス数　60
ピタゴラスの定理　60
フィボナッチ数　106, 155
フィボナッチ数列　106, 160
フィールズ賞　24, 202
フェルマー数　50
フェルマー素数　51
フェルマーの小定理　170
フェルマーの定理　11, 28, 81
フェルマーの平方和定理　73, 77, 95
不足数　40
双子素数　12, 24, 34
分割数　153
ペパンの判定法　58, 118

【ま行】

三つ子素数　25, 34
無限降下法　91
メルセンヌ数　45
メルセンヌ素数　45, 117

【や行】

約数の逆数の和　42
ヤコビの恒等式　157
有理点　70, 81, 98
四つ子素数　26

【ら行】

リーマン・ジーゲルの公式　228
リーマンのゼータ関数　209
リーマン予想　209
リュカ数列　107, 113
リュカ・テスト　117
類体論　34
零点　226

N.D.C.412　　238p　　18cm

ブルーバックス　B-1743

大学入試問題で語る数論の世界
素数、完全数からゼータ関数まで

2011年10月20日　第1刷発行
2022年 7月14日　第9刷発行

著者	清水健一	
発行者	鈴木章一	
発行所	株式会社講談社	
	〒112-8001 東京都文京区音羽2-12-21	
電話	出版　03-5395-3524	
	販売　03-5395-4415	
	業務　03-5395-3615	
印刷所	(本文印刷) 株式会社KPSプロダクツ	
	(カバー表紙印刷) 信毎書籍印刷株式会社	
製本所	株式会社国宝社	

定価はカバーに表示してあります。
©清水健一　2011, Printed in Japan
落丁本・乱丁本は購入書店名を明記のうえ、小社業務宛にお送りください。
送料小社負担にてお取替えします。なお、この本についてのお問い合わせは、ブルーバックス宛にお願いいたします。
本書のコピー、スキャン、デジタル化等の無断複製は著作権法上での例外を除き禁じられています。本書を代行業者等の第三者に依頼してスキャンやデジタル化することはたとえ個人や家庭内の利用でも著作権法違反です。
Ⓡ〈日本複製権センター委託出版物〉複写を希望される場合は、日本複製権センター（電話03-6809-1281）にご連絡ください。

ISBN978-4-06-257743-4

発刊のことば――科学をあなたのポケットに

　二十世紀最大の特色は、それが科学時代であるということです。科学は日に日に進歩を続け、止まるところを知りません。ひと昔前の夢物語もどんどん現実化しており、今やわれわれの生活のすべてが、科学によってゆり動かされているといっても過言ではないでしょう。

　そのような背景を考えれば、学者や学生はもちろん、産業人も、セールスマンも、ジャーナリストも、家庭の主婦も、みんなが科学を知らなければ、時代の流れに逆らうことになるでしょう。ブルーバックス発刊の意義と必然性はそこにあります。このシリーズは、読む人に科学的に物を考える習慣と、科学的に物を見る目を養っていただくことを最大の目標にしています。そのためには、単に原理や法則の解説に終始するのではなくて、政治や経済など、社会科学や人文科学にも関連させて、広い視野から問題を追究していきます。科学はむずかしいという先入観を改める表現と構成、それも類書にないブルーバックスの特色であると信じます。

一九六三年九月

野間省一